U0632753

高等职业教育"十三五"重点规划教材

电梯技术（第2版）

主编　刘　勇　于　磊

北京理工大学出版社
BEIJING INSTITUTE OF TECHNOLOGY PRESS

内 容 简 介

本书共有7章：第1章电梯概论、第2章电梯的组成及运行结构、第3章电梯的安全装置及保护系统、第4章电梯的动力拖动与电气控制、第5章电梯的安装与维修、第6章自动扶梯与人行道、第7章电梯的安全操作与常规保养。为了便于读者自学，本书力求理论联系实际，由浅入深，循序渐进，具有内容全面、图文并茂等特点。

本书可作为高职院校机电一体化专业、自动化专业及电梯专业教材，也适合作为电梯从业人员岗前培训教材，对电梯从业人员快速掌握电梯结构和原理，参与指导电梯生产制造、安装维修、管理使用等作用较大。

版权专有　侵权必究

图书在版编目（CIP）数据

电梯技术/刘勇，于磊主编 . —2 版 . —北京：北京理工大学出版社，2017. 1
（2017. 7 重印）

ISBN 978 - 7 - 5682 - 3573 - 0

Ⅰ. ①电…　Ⅱ. ①刘…②于…　Ⅲ. ①电梯 - 基本知识　Ⅳ. ①TU857

中国版本图书馆 CIP 数据核字（2017）第 010545 号

出版发行／北京理工大学出版社有限责任公司

社　　址／北京市海淀区中关村南大街5号

邮　　编／100081

电　　话／（010）68914775（总编室）
　　　　　　（010）82562903（教材售后服务热线）
　　　　　　（010）68948351（其他图书服务热线）

网　　址／http：//www.bitpress.com.cn

经　　销／全国各地新华书店

印　　刷／三河市华骏印务包装有限公司

开　　本／787 毫米×1092 毫米　1/16

印　　张／14　　　　　　　　　　　　　　责任编辑／王艳丽

字　　数／330 千字　　　　　　　　　　　文案编辑／王艳丽

版　　次／2017 年 1 月第 2 版　2017 年 7 月第 2 次印刷　责任校对／周瑞红

定　　价／36.00 元　　　　　　　　　　　责任印制／李志强

图书出现印装质量问题，请拨打售后服务热线，本社负责调换

随着我国经济的发展，人民物质生活水平不断提高，作为建筑物的垂直交通工具——电梯已融入我们生活的方方面面。但近年来由于电梯安全规范和标准不统一，普遍注重电梯安装、轻视维修保养等因素造成电梯事故不断。另外，由于电梯行业的快速发展也使我国电梯制造、营销、安装和维修保养的从业人员紧俏，加上电梯管理、检验和研发的专业人员和搭乘使用电梯的大众群体迫切需要深入地了解电梯这个特种设备，因此，为了保证电梯的正常运行和安全使用，为了提高从业人员的职业素质和操作技能而编写了本书。本书目的是让普通读者了解电梯、熟悉电梯；让专业人员学会管理电梯、监控电梯，从而进行电梯维修与保养工作。

本书第一主编刘勇为天津机电职业技术学院教授、正高工，曾在电梯企业从业20余年，书中很多内容是多年从事电梯设计、制造、安装、调试、维修、改造和技术培训工作的经验总结。本书第二主编于磊为天津机电职业技术学院副教授、高级实训指导教师，从事职业教育10余年，有着丰富的理论和实践经验，为本书提供了案例及相关内容。为了便于读者自学与领会全书内容，本书力求理论联系实际，由浅入深，循序渐进，以利于读者在较短的时间内熟悉和掌握电梯的基本原理；熟悉和掌握一般电梯的安装、调试方法及技术验收规范；熟悉和掌握电梯常见故障的逻辑判断与排除方法；熟悉和掌握电梯运行工艺及运行管理的一般知识。

本书共分为7章。第1章为电梯概论，第2章为电梯的组成及运行结构，第3章为电梯的安全装置及保护系统，第4章为电梯的动力拖动与电气控制，第5章为电梯的安装与维修，第6章为自动扶梯与人行道，第7章为电梯的安全操作与常规保养。

本书在编写过程中得到了天津机电职业技术学院、奥的斯电梯（中国）有限公司等相关部门和同事的大力支持，感谢他们提供了大量宝贵的资料和建议，在此表示由衷的谢意！

由于编者水平有限，书中难免存在不足，敬请读者指正。

编　者

目录

Contents

第 1 章

电梯概论

某住宅小区电梯招标技术要求

一、设备采购概况

电梯井道机房设计尺寸（mm）要求如表 1-1 所示。

表 1-1 电梯井道机房设计尺寸（mm）

序号	楼号	机坑深	井道尺寸	地下室井高	一层井高	二层及以上井高	顶层井高	机房尺寸
1	3#~6#楼（为11层）	1 500	深2 200×宽2 000	3 300	3 000	2 900	4 100	深3 200×宽2 000×高2 700
	5#楼西单元		深2 000×宽2 200					深2 000×宽2 200×高2 700
2	7#、8#楼（为16层）	1 500	深2 200×宽2 000	4 200	3 450	2 900	4 050	深3 200×宽2 000×高2 600

二、技术要求

1. 装修标准

（1）候梯厅门：首层门框为花纹不锈钢大门套，其余门框为标准框喷漆钢板。

（2）门外按钮显示：门外呼梯按钮、楼层显示、方向显示为一体型，面板为花纹不锈钢。

（3）轿厢壁板：花纹不锈钢，7#、8#楼客梯轿厢后侧板做花纹扁不锈钢扶手。

（4）轿顶装饰：选白色有机遮光板柔光照明（节能型）。

（5）轿厢地板：选用暖色拼花防滑塑胶（PVC）地板砖。

（6）轿内操纵箱：选用一体式操纵箱，面板为不锈钢。楼层、方向选高清晰真彩液晶显示。

（7）开门形式：中分门。

（8）厢内通信：为保证轿厢内人员安全，应设多方通话（机房、物业管理值班室）功能；预留摄像头安装孔（含随行电缆）。

（9）手动盘车功能：运行过程中如出现机械或停车事故，造成轿厢内人员被困上不来下不去，此时可在机房手动盘车，救人出厢。

（10）井道照明：电梯井道照明及电梯维修用的电梯插座，由电梯供货商安装专业公司完成。

2. 质量要求

应符合下列规范及有关要求：

（1）本小区机电工程质量目标为上海市"申安杯"工程，电梯是其中一个分部工程。

（2）施工质量应符合《电梯工程施工质量验收规范》（GB50310-2002）相关规定。

（3）电梯设备应符合《电梯制造与安装安全规范》（GB7588-2003）相关规定。

（4）向当地政府部门办理电梯安装工程所需手续及电梯验收并取得电梯使用许可证。

3. 信号指示安置要求

轿厢信号装置操纵箱设在右前臂，设有数字式楼层指示器和上下行箭头，显示电梯位置及运行方向，还应设有其他必要的装置或楼层登记显示按钮，控制按钮为微动式或触摸式，其面板为发纹不锈钢；显示数字、运行方向及到站钟。信号指示装置的布置方式及装饰要求美观、新颖，具体的式样由投标人投标时提供选择方案。

4. 控制系统要求

采用全电脑及模块集成电路控制系统，实现高效的客流控制管理。信号传输采用串行通讯方式，能与小区消防、安防系统兼容。井道内备有闭路电视监控电缆线；轿厢内备有电视监控摄像机接口，同时预留相关功能扩展接口（如语音报站、远程控制等），机房内预留三方通话接口。

5. 拖动系统要求

采用变频变压调速拖动系统，采用无齿轮曳引机，应满足 GB/T10058-1997（电梯技术条件）要求。

6. 门机系统要求

采用变频变压（VVVF）调速系统。

7. 其他功能要求

（1）满载直驶。

（2）到站钟提示。

（3）应急照明装置。

（4）防恶作剧干扰。

（5）超载停层并带超载铃报警。

（6）固定式对讲机、三向通话（轿厢、机房、物业管理中心）。

（7）无司机操纵。

（8）顺向截车。

（9）安全触板门保护。

（10）安全光幕装置。

（11）安全监控接口（带井道传输电缆）。

（12）提前开门功能。

＋＋＋（13）自动再平层功能。

（14）轿厢内照明、风扇自动关闭。

（15）超速保护。

（16）全集选。

除上述要求外，本次招标电梯的其他技术参数、功能要求均不应低于国家现行电梯的相关标准。

三、技术参数表

参数1基本信息如表1-2~表1-9所示。

OTIS Sky

Template Version：2010-8-29

产地：天津　　设备编号：待定　　　　　　梯号：Unit 1　　　　交货期：待定

表1-2　电梯基本规格表1

三相/照明电压：380 V/220 V	频率：50 Hz	开门方式：中分
载重：1 000 kg	速度：1 m/s	曳引机：交流永磁同步无齿轮

表1-3　基本参数表1

电梯群控数量	单台A梯		
集选操作控制方式	全集选控制		
控制柜	ACD2 MR，配 OTIS 新型绿色节能的能量可再生型变频器		
井道规格（宽×深）	2 100 mm×2 500 mm		
轿厢规格（宽×深）	1 100 mm×2 100 mm		
轿内净高（mm）	2 300（单层顶，由轿厢地板到单层顶）		
厅轿门	Classic 型厅门，Classic 型轿门	门机类型	Classic 门机
门保护方式	TL Jones		
提升高度	33 m		
层站数	12 层 12 站		
楼层标记			
底坑和顶层	底坑深：1 500 mm	顶层高度（K）	4 200 mm
导轨架间距	2.5 m		
开门尺寸（宽×高）	900 mm×2 100 mm		

表1-4　轿厢及装潢表1

	轿门材料	钢板喷漆，珍珠色 P001		
轿门围壁	前围壁	钢板喷漆，珍珠色 P001		
	侧后围壁	钢板喷漆，珍珠色 P001		
轿顶装潢	CS-F 型轿顶，颜色：珍珠色 P001		安全窗：无	风机数量：1 个

3

续表

扶手	扶手位置			
	扶手材料	无		
地板装修	真石胶地板 F－101a		预留厚度	8 mm
额外装修重量	0 kg		装饰地坎	
称量装置	LW－6			
操纵盘	面板材料	发纹不锈钢	语言	中文
	轿厢位置显示器类型	CPI17（16 段码 LED 显示器）	按钮	方形塑料按钮，微动开关
	按钮标记牌	不可用		
操纵盘位置				
			右侧置，（只适用于深轿厢）	

表 1－5　厅门表 1

厅呼面板材料	表面发纹不锈钢
大厅位置显示器	HPI17（16 段码 LED 显示器）
厅呼按钮	方形塑料按钮，微动开关
厅门防火要求	非防火门

表 1－6　厅呼装置与厅门表 1

厅呼装置形式		
	单台式外呼：一套，每层	
厅门	钢板喷涂	珍珠色 P001，12 套
门套材料	钢板喷涂	珍珠色 P001，12 套
门套形式	Classic 标准门套	门套进深（M 值）：50 mm　12 套

表 1－7　标准功能表 1

功能	简称	功能	简称	功能	简称	功能	简称
电磁干扰滤波器	APD	紧急电动操作	ERO－2	强迫关门	NDG	轿内紧急照明装置	ECU－2
设置独立的厅、轿门时间	CHT－4	满载不停梯	LNS－C	电动机过热保护	MPD－1	自返基站功能	ARD－1
全集选控制	FCL	关门按钮	DCB－1	开、关门时间保护	DTP	超载不启动（轿厢）	OLD－C
运行次数显示功能	TRIC1	厅呼梯/登记	HTTL	厅数字式位置指示器	HPI17	轿厢数字式位置指示器	CPI17
轿厢警铃		故障自动检测功能		厅方向灯	HDI－1	电源缺、错相故障保护	J
防捣乱操作	ANS－C	单大厅呼叫装置	NBR－1	风机（自动）	FAN－2	门旁路	DSBD
对讲系统＊＊提升高度R＜＝30 m时，机房到轿厢对讲（ICU－1）作为可选功能提供	ICU	单相电源开关	SKL－1	轿厢召唤取消		再平层（1.5 m/s, 1.75 m/s和2 m/s时为标准）	RLEV1
增量型编码器	DTG－4	附加门定时	DXT－1	门区指示灯	DZI	附加电源	EPFL3
轿厢去底部层站响应呼叫	CCBL	轿厢去顶部层站响应呼叫	CCTL	受控轿厢灯	CFL－1	切除大厅呼叫开关	CHCS
轿厢呼梯/登记	CTTL	禁止门操作开关	DDOS	延时驱动保护	DDP	快速开门按钮功能	DOBF

表 1－8　可选功能表 1

功能	简称		功能	简称	
独立服务	ISC－1		轿厢到站钟	CCM	
再平层（仅 1 m/s 时为可选）	RLEV1	√	驻停　所在层	PKS－1	
有司机操作	ATT		风扇开关控制（手动）	FAN－1	√
紧急消防员操作　所在层	EFO－1	√	紧急消防员服务　所在层	EFS－1	
门保持按钮	DHB		对重带安全钳	CWS－1	

续表

功能	简称		功能		简称	
提前开门	ADO		副操纵盘	副操纵盘位置		
				副操纵盘按钮	不可用	
CCTV 电缆		√	残疾人操纵盘			
控制柜支架			自动救援装置（ARED）		ARED	
地震操作	EQO－4		机房－轿厢对讲（R < = 30 m 时）		ICU－1	
开门动车保护	UCM					

表 1－9　其他非标说明表 1

参数 2 基本信息如表 1－10 ~ 表 1－16 所示。

表 1－10　电梯基本规格表 2

OTIS Sky

Template Version：2011－1－1

产地：　　天津　设备编号：　　　　梯号：Unit 1　　　交货期：待定

三相/照明电压：380 V/220 V	频率：50 Hz	开门方式：偏开门；开门方向：左开门（从轿厢内面朝前入口，门开启的方向）
载重：1 150 kg	速度：1 m/s	曳引机：交流永磁同步无齿轮

表 1－11　基本参数表 2

电梯群控数量	单台 A 梯
集选操作控制方式	全集选控制
控制柜	OTIS 能量可再生型控制柜
井道规格（宽×深）	2 300 mm ×2 500 mm
轿厢规格（宽×深）	1 300 mm ×2 100 mm
轿厢净高	2 300 mm（带装饰顶）
厅轿门	EN81 厅门，轿门
门机类型	DO2000 100 瓦门机
门保护方式	LAMBDA LC
提升高度	33 m
层站数	12 层 12 站

楼层标记	前开门			
	后开门			
底坑和底层	底坑深度（S）	1 400 mm	顶层高度（K）	4 450 mm
导轨架间距	2.5 m			
开门尺寸（宽×高）	1 100 mm×2 100 mm			

表 1-12 轿厢及装潢表 2

轿门围壁	轿门材料	钢板喷漆，珍珠色 P001		
	前围壁	钢板喷漆，珍珠色 P001		
	侧后围壁	钢板喷漆，珍珠色 P001		
轿顶装潢	CE-43		安全窗：无	风机数量：两台
扶手	扶手位置	后侧扶手		
	扶手材料	F-2S 发纹不锈钢		
地板装修	真石胶地板 F-101a		预留厚度	8 mm
额外装修重量	0 kg			
操纵盘	操纵盘数量 *不含残疾人操纵盘	单轿厢操纵盘	语言	中文
	按钮类型	方形塑料按钮，微动开关	面板材料	发纹不锈钢
	按钮标记牌	不可用		
	位置	标准位置		
轿厢及对重侧导靴类型	滑动导靴（标准 NSR，无特殊需求）			

表 1-13 厅门表 2

外呼面板材料		表面发纹不锈钢
厅呼按钮	按钮类型	方形塑料按钮，微动开关
	按钮标记牌	

表 1-14　外呼装置及厅门表 2

外呼装置形式	集成式厅呼			
	大厅位置指示器：HPI17			
		集成式单台外呼：前门：一套，每层		集成式并联外呼
	分离式厅呼			
	分离式单台外呼	分离式并联外呼	带大厅位置指示器所在层，前门所在层，后门	不带大厅位置指示器所在层，前门　　所在层，后门
厅门防火要求	非防火门			
厅门	钢板喷涂	珍珠色 P001，12 套		
门套材料	前开门　钢板喷涂	珍珠色 P001，12 套		
	后开门			
门套形式	偏开门标准门套	门套宽 76 mm	12 套，前门	

表 1-15　标准功能表 2

功能	简称	功能	简称	功能	简称	功能	简称
提前开门	ADO	矫厢警铃	ALARB	电磁干扰滤波器	APD	自动返回基站	ARD1
矫厢去底部层响应呼叫	CCBL	矫厢去顶部层响应呼叫	CCTL	受控轿厢灯	CFL-1	电流谐波滤波器	CHF1
设置独立厅、轿门时间	CHT4	矫厢数字式位置指示器	CPI17	延时驱动保护	DDP	开门按钮功能	DOBF
关门时间保护	DTC2	开门时间保护	DTO2	矫厢紧急照明	ECU2	紧急电动操作	ERO1
故障自动检测		风扇控制（自动）	FAN2	矫顶检修	TCI	厅数字式位置	HPI17

续表

功能	简称	功能	简称	功能	简称	功能	简称
五方对讲	ICU	电源缺、错项保护	J_2	满载不停梯	LNS	强迫关门	NDG
超载不启动（轿厢）	OLD	盘车手轮开关	RHS	再平层	RLEV1	运行次数显示功能	TRIC1
能量可再生型变频器（Regenerative Drive）				热敏开关	THB		

表1-16 可选功能表2

		紧急消防员操作（EFO1），所在层
紧急消防员服务（EFS1），所在层：提供消防开关		
厅门门锁旁路		
轿门锁		

其他非标说明另外附表。

1.1 电梯简史

1.1.1 电梯的起源

1. 电梯发展史

很久以前，人们就已经开始使用原始的升降工具来运送人和货物，并大多采用人力或畜力作为驱动力。到19世纪初，随着工业革命进程的发展，蒸汽机成为重要的原动机。在欧美开始用蒸汽机作为升降工具的动力，并不断地得到创新和改进。到1852年，世界第一台被工业界普遍认可的安全升降机诞生。1845年，英国人汤姆逊制成了世界上第一台液压升降机。当时由于升降机功能不够完善，难以保障安全，故较少用于载人。见图1-1。

图1-1 电梯发展历程

1852 年，美国纽约州杨可斯（Yonkers）的机械工程师奥的斯先生（Elisha Graves Otis）在一次展览会上，向公众展示了他的发明，从此宣告电梯诞生，也打消了人们长期对升降机安全性的质疑，随后奥的斯先生组建成立了奥的斯电梯公司。

1857 年，奥的斯公司在纽约安装了世界第一台客运升降机；1889 年奥的斯公司制成了世界上第一台以直流电动机驱动的升降机，此时电梯就名副其实了；1899 年第一台梯阶式（梯阶水平、踏板由硬木制成、有活动扶手和梳齿板）扶梯试制成功。1903 年，奥的斯公司采用了曳引驱动方式代替了卷筒驱动，提高了电梯传动系统的通用性；同时也成功制造出有齿轮减速曳引式高速电梯，使电梯传动设备的重量和体积大幅缩小，增强了安全性，并成为沿用至今的电梯曳引式传动的基本形式。见图 1-2。

图 1-2　世界上第一部安全电梯及奥的斯先生

奥的斯公司在 1892 年开始用按钮操纵代替以往在轿厢内拉动绳索的操纵方式；1915 年制造出微调节自动平层的电梯；1924 年安装了第一台信号控制系统，使电梯司机操纵大大简化；1928 年开发并安装了集选控制电梯；1946 年在电梯上使用群控方式，并在 1949 年使用于纽约联合国大厦；特别值得一提的是奥的斯公司在 1967 年为美国纽约世界贸易中心大楼安装了 208 台电梯和 49 台自动扶梯，每天要完成 13 万人次的运输任务，遗憾的是该大楼于 2001 年 9 月 11 日因恐怖袭击而倒塌。

1976 年日本富士达公司开发了速度为 10 m/s 的直流无齿轮曳引电梯；1977 年，日本三菱电机公司开发了晶闸管控制的无齿轮曳引电梯；1979 年奥的斯公司开发了第一台基于微型计算机的电梯控制系统，使电梯控制进入了一个崭新的发展时期；1983 年日本三菱电机公司开发了世界上第一台变频变压调速电动机，并于 1990 年将此变频调速系统用于液压电梯驱动；1996 年芬兰通力电梯公司发布了最新设计的无机房电梯 MonoSpace，由 Ecodisk 扁平的永磁同步电动机变压变频调速驱动，电动机固定在井道顶部侧面，由曳引钢丝绳传动牵引轿厢；同年日本三菱电机公司开发了采用永磁同步无齿轮曳引机和双盘式制动系统的双层轿厢高速电梯，安装在上海 Mori 大厦；1997 年迅达电梯公司展示了 Mobile 无机房电梯，该电梯无须曳引绳和承载井道，自驱动轿厢在自支撑的铝制导轨上垂直运行；

同年通力电梯公司在芬兰建造了当今世界上行程为 350 米的地下电梯试验井道，电梯实际提升高度 330 米，其速度理论上可达到 17 m/s。

随着现代建筑物楼层不断升高，电梯的运行速度、载重量也在提高。目前世界上最高电梯速度已经达到 1 010 m/s，该电梯安装在台北的地标性建筑 101 大楼，88 层的高度运行时间仅仅 54 秒，见图 1-3。但从人体对加速度的适应能力、气压变化的承受能力和实际使用电梯停层的考虑，一般将电梯的速度限制在 10 m/s 以下。

图 1-3　台北 101 大楼的高速电梯

2. 电梯控制技术的演变

早期电梯的控制方式几乎全部采用有司机轿内开关控制，电梯的起动、运行、减速、平层、停车等判断均靠司机作出，操作起来很不方便。1894 年，奥的斯公司开发了一种由层楼控制器自动控制平层的技术，从而成为电梯控制技术发展的先导。

1915 年，奥的斯公司又发明了由两个电动机控制的微驱动平层控制技术，它由一个电动机专用于起动和快速运行，另一个则用于平层停车，从而得到了 16:1 的减速范围，运行较为舒适，平层较准。

为了解决乘客候梯时间长的矛盾，1925 年出现了一种集选控制技术。它能将各层站上下方向的召唤信号和轿厢内的指令集中和电梯轿厢位置信号比较，从而使电梯合理运行，缩短了乘客候梯的时间，提高了电梯运行效率。这种技术使司机的操作大大简化，不再需要司机对电梯的运行方向和停层选择作出判断，司机仅需按层楼按钮及关闭层门按钮。这一种控制技术现在还在广泛使用，被认为是电梯控制技术的一大进步。

20 世纪 30 年代，交流感应电动机因其价格低，制造和维修方便而广泛应用于电梯上。用改变电动机极对数的方法达到了双速控制的要求，使拖动系统结构简化，可靠性大大提高。目前我国大多数在用电梯均采用这种交流双速变极拖动控制。

早期的直流拖动电梯，在发展到交流单、双速拖动后，随着 20 世纪 30 年代高层建筑的发展，人们对电梯额定运行速度的要求日益提高，产生了直流调速控制的直流电动机拖动的高速电梯。这一系统从最初的开环、有级、有触点控制发展到今天的闭环、无级、无触点控制系统。这是电梯控制技术的又一次进步。

随着电子技术的发展，从20世纪60年代末到70年代初，开始发展了应用交流电动机的交流调速拖动，它从交流调压调速进而发展到变频变压调速系统。它以其突出的节能效果在一定范围内（≤4 m/s）完全取代了直流拖动系统。这是目前正在大力发展的技术，被认为是电梯拖动技术的一次飞跃。

微电子技术的飞速发展使微型计算机用于电梯的控制，正全面替代有触点的继电器控制方式。从而使电梯的拖动控制、信号操作及自动调度控制达到了一个新的高度。如今，微型计算机的大量应用及大功率半导体器件的技术发展使得电梯控制系统日益自动化、智能化，交流调频调压技术也正向大功率、高速度方向发展。目前，这一技术的发展已使交流调速拖动的电梯速度达到了7 m/s，必将逐步取代直流拖动电梯。

1.1.2 电梯技术的现状

1. 电梯市场

根据中国电梯协会掌握的数据显示，2013年我国电梯产销量约为23万台，相比2012年增长幅度约为25%，全国电梯保有量达200万台左右。近年来我国电梯产销量以每年20%左右的速度增长，每年新增的电梯数量在5万台以上，占全球每年新增电梯总量的一半以上。其中，上海、北京等城市电梯保有量已超过10万台。近年来，我国电梯的出口年均增长率将保持在35%以上，电梯行业也逐步成为国内比较重要的行业。中国电梯协会预测，未来五年内我国垂直电梯和扶梯市场国内市场和出口市场将分别占整个全球市场的1/2和1/3，我国在今后相当长的时间内仍将是全球最大的电梯市场，年产值超千亿元，电梯市场可谓前景广阔。国务院发布的《特种设备安全监察条例》规定，特种设备的强制报废制度也为我国电梯改造市场带来了新的机遇。按国外电梯使用寿命惯例，一般日本系列电梯设计寿命为15年，欧美电梯设计寿命为25年，中国电梯的保有量已经超过100万台，专家预计今后每年大修改造以及已有建筑加装电梯的市场容量将保持在12万台以上。因此，中国已成为全球电梯制造中心和最大的电梯市场。见图1-4。

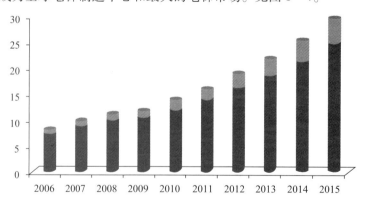

图1-4　电梯市场销售台数增长速度（万台）

2. 电梯企业

目前，全国有注册电梯企业达 395 家，其中美国奥的斯、瑞士迅达、芬兰通力、德国蒂森及日本三菱、日立、富士达、东芝等 13 家大型外企占据我电梯市场 80% 的份额，销售额达 85% 。从电梯业年产量而言，奥的斯（中国）、上海三菱、广州日立的产量已达 1 万台以上；迅达、蒂森、通力、富士达、东芝达到 3 000～10 000 台的产销规模，其中最晚进入中国电梯市场的华升富士达投产 10 年，产销量一直保持 40% 的上升趋势。近年来，一批民族电梯企业苦练内功，绝地反击，出现四分天下有其一的局面。目前，中国已成为全球电梯劲旅竞争的主战场，中国电梯业目前面临行业的重新"洗牌"，民族自主品牌应利用国家政策支持、资本市场支持等多方面有利因素，逐鹿天下，加快赢得更多市场。电梯作为终端消费品，品牌在市场竞争中的作用明显。品牌往往成为人们在选择电梯产品时的重点考虑因素，电梯生产企业要想建立良好的品牌并获得市场的认可，也必须经过市场一定时间的检验。

3. 电梯安全

从 2005 年开始，我国平均每年电梯事故在 40 起左右，死亡人数在 30 人左右。近年来，电梯事故逐年上升，2011 年"7·5 北京地铁 4 号线自动扶梯安全事故"发生后，"安全"成为电梯行业最热门的词汇之一，见图 1-5。近年来的电梯事故中，违章操作引发的事故较为突出，事故中受到伤害的人员以普通乘客最多。其中，违章操作占 62.7%，设备缺陷占 22.7%，意外事故占 8.0%，非法使用设备占 6.6%。事故中受伤害人员包括：普通乘客 50%，维护保养人员 13%，安装工人 12%，电梯操作人员 4%，其他包括保安等未经培训的人员 21%。电梯作为一种机电合一的大型综合产品，能够得以安全可靠地运行取决于电梯本身的制造质量、安装质量、维修保养质量以及用户的日常管理质量等诸多方面的因素。传统的理念只是单纯地注重产品本身的制造质量，而忽视了前期的电梯优化配比、后期的安装、维护保养质量等一系列影响电梯是否能处于最佳运行状态的其他要素。为有效解决电梯安全问题，国家正在推行相关政策，如：电梯制造单位"终身负责"的工作机制，要求电梯制造单位对电梯质量以及安全运行涉及的质量问题终身负责；电梯安装、改造、维修结束后，电梯制造单位要按照要求对电梯进行校验和调试，并对校验和调试结果负责；电梯投入使用后，电梯制造单位要对其制造的电梯安全运行情况进行跟踪调查，并给予维保单位技术指导和备修件的支持。

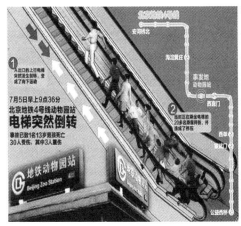

图 1-5 北京地铁 4 号线自动扶梯安全事故图例

1.1.3 电梯技术的发展趋势

1. 绿色节能电梯需求旺盛

建设节约型社会已成为我国政府多年来的工作重点。电梯作为能耗大户，使用节能电梯已成大势所趋，绿色节能依然成为 2016 年电梯行业发展的主要方向。实现电梯节能主要有以下几个途径，即改进机械传动和电力拖动系统，例如，将传统的蜗轮蜗杆减速器改为行星齿轮减速器或采用无齿轮传动，机械效率可提高 15% ~ 25%；将交流双速拖动系统改为变频调压调速（VVVF）拖动系统，电能损耗可减少 20% 以上。其次，可以采取能量回馈技术，将电容中多余的电能转变为与电网同频率、同相位、同幅值的交流电能回馈给电网，可以提供给小区照明、空调等其他用电设备。从数据上看，能量回馈技术使用后节能效果显著。若以一幢 20 层左右的大楼为例，一台 1 350 kg、速度 2.5 m/s 的传统电梯，一周实测耗电约 800 kW·h，而能量回馈型电梯仅为 600 kW·h，实际节约能耗 30% 左右。另外，使用 LED 发光二极管更新电梯轿厢常规使用的白炽灯、日光灯等照明灯具，可节约照明用量 90% 左右，灯具寿命是常规灯具的 30 ~ 50 倍。LED 灯具功率一般仅为 1 W，无热量，而且能实现各种外形设计和光学效果，美观大方。

2. 服务需求升级，维保人员需求大增

一系列电梯安全事故发生后，不仅电梯产品质量受到质疑，更多地体现在人们对维保服务的不满。规范电梯维护保养行为，提升维护保养质量自然成为未来电梯企业工作的重头戏。随着用户对服务需求的日益提升，2016 年电梯行业的竞争将逐步由单一的产品竞争向包含服务在内的多方面、全过程过渡。受"奥的斯事件"的刺激，全国各地加大了对电梯运行的监督检查，一些地方政府对电梯维修保养做出了新的规定。加大重视维保质量，对企业来说是一个挑战，也是一个机遇。在不久的将来，维保的利润可能会占据半壁江山，甚至会超过制造的利润。早在 2012 年，国家质检总局就要求电梯厂家对电梯安全终身负责，电梯制造、安装、维保均由厂家负责，该要求看似增加了厂家的压力，实际上暗藏着巨大商机。此外，在生产不断同质化的今天，2016 年之后会有越来越多的电梯生产企业认识到安装和维修保养的重要性。20 多年来一直以新装电梯为主导的中国电梯市场，将迎来新装与维保并重时代，因此具备相关资质的安装、维修人员的需求也大增，并呈现供不应求的态势。

3. 超高速电梯继续成为研究方向

未来我国可用于建筑的土地面积越来越少，这就要求建筑物越来越高，高层建筑的增多，必然带来高速电梯的需求。2016 年超高速电梯依然会成为行业的研究方向。超高速电梯的研究继续在采用超大容量电动机、高性能微处理器、减振技术、新式滚轮导靴和安全钳、永磁同步电动机、轿厢气压缓解和噪声抑制系统等方面推进。超高速电梯在一些建筑中已经得到了充分应用，比如台北 101 大厦采用的电梯速度达到 1 000 m/min。2016 年落成的、632 米总高的上海中心大厦不仅成为中国最高建筑，其采用的运行速度为 1 080 m/min 的电梯也成为世界最高速电梯。另外，在上海环球金融中心、上海金茂大厦等高层建筑中均采用了不同速度的高速电梯。

4. 智能群控技术引领行业发展

在电梯产品日趋同质化时，智能群控技术将引领行业发展新潮流。虽然智能群控技术

已经得到了应用，但应用的范围有限，主要集中在大型酒店宾馆以及高档写字楼内。电梯群控系统是指在一座大楼内安装多台电梯，并将这些电梯与一部计算机连接起来。该计算机可以采集到每个电梯的各种信号，经过调度算法的计算向每部电梯发出控制指令。总之，电梯群控技术能够根据楼内交通量的变化，对每部电梯的运行状态进行调配，目的是为了达到梯群的最佳服务及合理的运行管理。传统的群控算法只有一个目标，即最小候梯时间。在现代高层建筑的一些特定交通模式下，不可能要求每一部电梯能够服务每一个楼层，所以电梯群控系统调度算法的研究有着重要的现实意义。智能群控技术不仅代表行业技术发展方向，也将给人们带来更多的便利。此外，用互联网监控电梯，就是在电梯轿厢原来的监控设备上安装传感器，传感器会对电梯里的视频、音频、运行状态等数据进行 24 h 实时监控。采集到的数据，会通过 3G 电信网络传输到应急处置中心，中心平台能据此进行在线故障分析、诊断，及时告知救援人员。

5. 电梯新技术的应用已经成为电梯发展的主要趋势

1）楼层厅站登记系统

楼层厅站登记系统操纵盘设置在各层站候梯厅，操纵盘号码对应各楼层号码。乘客只需在呼梯时登记目的楼层号码，就会知道应该去乘梯组中哪部电梯，从而提前去厅门等候。待乘客进入轿厢后不再需要选层，轿厢会在目的楼层停梯。由于该系统的操作便利及结合强大的计算机群控技术，使得候梯和乘梯时间缩减。该系统的关键是处理好新召唤的候梯时间对原先已安排好的那些召唤服务时间的延误问题。

2）双层轿厢电梯

双层轿厢电梯有两层轿厢，一层在另一层之上，同时运行。乘客进入大楼 1 楼门厅，如果去单数楼层就进下面一层轿厢；如果去双数楼层则先乘 1 楼和 2 楼之间的自动扶梯，到达 2 楼后进入上面一层轿厢。下楼离开时可乘坐任一轿厢，而位于上层轿厢的乘客需停在 2 楼，然后乘自动扶梯去 1 楼离开大楼。双层轿厢电梯增加了额定容量，节省了井道空间，提高了输送能力，特别适合超高层建筑往返空中大厅的高速直驶电梯。双层轿厢电梯要求相邻的层高相等，且存在上下层乘客出入轿厢所需时间取最大值的问题。

3）集垂直运输与水平运输的复合运输系统

集垂直运输与水平运输的复合运输系统采用直线电动机驱动，在一个井道内设置多台轿厢。轿厢在计算机导航系统控制下，可以在轨道网络内交换各自运行路线。该系统节省了井道占用的空间，解决了超高层建筑电梯钢丝绳和电缆重量太大的问题，尤其适合于具有同一底楼的多塔形高层建筑群中前往空中大厅的穿梭直驶电梯。

4）交流永磁同步无齿轮曳引机驱动的无机房电梯

无机房电梯由于曳引机和控制柜置于井道中，省去了独立机房，节约了建筑成本，增加了大楼的有效面积，提高了大楼建筑美学的设计自由度。而交流永磁同步无齿轮曳引机的特点是：①结构简单紧凑，体积小，重量轻，形状可灵活多样；②配以变频控制可以实现更大限度的节能；③没有齿轮，于是没有齿轮振动和噪声、齿轮效率、齿轮磨损及油润滑问题，减少了维护工作，降低了油污染；④由于失电时旋转的电动机处于发电制动状态，增加了曳引系统的安全可靠性。

5）彩色大屏幕液晶楼层显示器

彩色大屏幕液晶楼层显示器可以以高分辨率的彩色平面或三维图像显示电梯的楼层信息（如位置、运行方向），还可以显示实时的载荷、故障状态等。通过控制中心的设置还可以显示日期、时间、问候语、楼层指南、广告等，甚至还可以与远程计算机和寻呼系统连接发布天气预报、新闻等。有的显示器又增加了触摸查询功能。该装置缓解了陌生乘客在轿厢内面对面对视时的尴尬、无趣的局面，降低了乘客乘梯时心理上的焦虑感。

6）电梯远程监控系统

电梯远程监控系统是将控制柜中的信号处理计算机获得的电梯运行和故障信息通过公共电话网络或专用网络（都需要使用调制解调器）传输到远程的能够提供可视界面的专业电梯服务中心的计算机，以便那里的服务人员掌握电梯运行情况，特别是故障情况。该系统一般具有显示故障、分析故障、故障统计与预测等功能，还有的可实现远程调试与操作，便于维修人员迅速进行维修应答和采取维修措施。这样缩短了故障处理时间，简化了人工故障检查的操作，保证了大楼电梯安全高效地运行。

7）安全技术方面

一方面传统的电梯安全部件正在改用双向安全系统；另一方面电梯使用的安全技术也在不断扩大，包括了 IC 卡电梯管理系统、指纹识别系统以及小区监控系统等。而直接进户的三门电梯也将成为一些高档社区的选择趋势。

1.2　电梯的种类

电梯作为一种通用垂直运输机械，被广泛用于不同的场合，其控制、拖动、驱动方式也多种多样，因此电梯的分类方法也有下列几种。

1.2.1　按电梯用途分类

按电梯用途分类是一种常用的分类方法，但由于电梯有一定的通用性，所以按用途分类在使用中用得较多。但实际标准不很明确。

1. 乘客电梯

乘客电梯以运送乘客为主，兼以运送重量和体积合适的日用物件。适用于高层住宅、办公大楼、宾馆或饭店等人员流量较大的公共场合。其轿厢内部装饰要求较高，运行舒适感要求严格，具有良好的照明与通风设施，为限制乘客人数，其轿厢内面积有限，轿厢宽深比例较大，有利于人员出入。为提高运行效率，其运行速度较快。其派生品种有住宅电梯、观光电梯等，见图 1 - 6。

2. 载货电梯

载货电梯以运送货物为主，并能运送随行装卸人员。因运送货物的物理性质不同，其轿厢内部容积差异较大。但为了适应装卸货物的要求，其结构要求坚固。由于运送额定重量大，一般运行速度较低，以节省设备投资和电能消耗。轿厢的宽深比例一般小于1。见图 1 - 7。

图1-6　豪华观光电梯

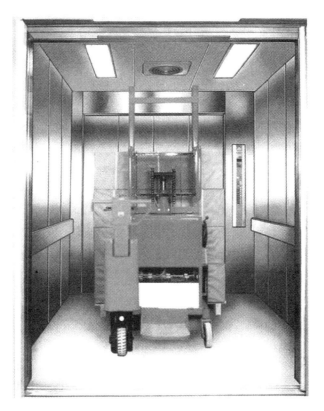

图1-7　载货电梯

3. 客货两用电梯

客货两用电梯主要用于运送乘客，也可运送货物。其结构比乘客电梯坚固，装饰要求较低。一般用于企业和宾馆饭店的服务部门。

4. 病床电梯

病床电梯用于医疗单位运送病人、医疗救护器械。其特点为轿厢宽深比小，深度尺寸≥2.4 m，以便能容纳病床，要求运行平稳，噪声小，平层精度高。见图1-8。

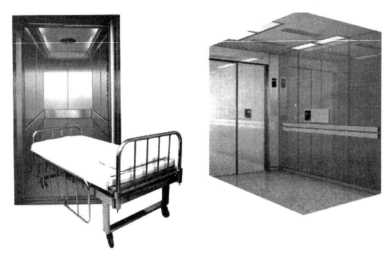

图1-8 病床电梯

5. 杂物电梯

杂物电梯是一种专用于运送小件品的电梯，最大载重量为500 kg，如果轿厢额定载重量大于250 kg，应设限速器和安全钳等安全保障设施。为防止发生人身事故，严禁乘人和装卸货物时将头伸入，为此限制轿厢分格空间高度不得超过1.4 m，面积不得大于1.25 m²，深度不得大于1.4 m。见图1-9。

图1-9 杂物电梯

此外特种电梯还包括：冷库电梯、防爆电梯、矿井电梯、电站电梯、消防员用电梯、立体车库（电梯）等，见图1-10。

图1-10 立体车库（电梯）

1.2.2 按电梯速度分类

电梯的额定运行速度正在逐步提高，因此按速度分类的国家标准正待制定。目前的习惯划分方法如下。

1. 低速电梯

低速电梯额定速度小于或等于0.75 m/s。

2. 中速电梯

中速电梯额定速度为1 m/s~2.5 m/s。

3. 高速电梯

高速电梯额定速度为2.5 m/s~4 m/s。

4. 超高速电梯

超高速电梯额定速度大于4 m/s。

1.2.3 按电梯拖动电动机类型分类

1. 交流电梯

交流电梯是采用交流电动机拖动的电梯。其中又可分为单、双速拖动，采用改变电动机极对数的方法调速。调压拖动，是通过改变电动机电源电压的方法调速；调频调压拖动，是采取同时改变电动机电源电压和频率的方法调速。

2. 直流电梯

直流电梯是一种采用直流电动机拖动的电梯。由于其调速方便，加减速特性好，曾被广泛采用。随着电子技术的发展，直流拖动正被节省能源的交流调速拖动代替。

1.2.4 按电梯驱动方式分类

1. 钢丝绳驱动式电梯

钢丝绳驱动式电梯可分成两种不同的形式，一种是被广泛采用的摩擦曳引式；另一种是卷筒强制式。前一种安全性和可靠性都较好；后一种的缺点较多，已很少采用。

2. 液压驱动式电梯

液压驱动式电梯历史较长，它可分为柱塞直顶式和柱塞侧置式。优点是机房设置部位较为灵活，运行平稳，采用直顶式时不用轿厢安全钳，底坑地面的强度可大大减小，顶层高度限制较宽。但其工作高度受柱塞长度限制，运行高度较低。在采用液压油作为工作介质时，还必须充分考虑防火安全的要求。

3. 齿轮齿条驱动式电梯

齿轮齿条驱动式电梯通过两对齿轮齿条的啮合来运行；运行振动、噪声较大。这种形式一般不需设置机房，由轿厢自备动力机构，控制简单，适用于流动性较大的建筑工地。目前已划入建筑升降机类。

4. 链条链轮驱动式电梯

链条链轮驱动式电梯是一种强制驱动形式电梯，因链条自重较大，所以提升高度不能过高，运行速度也因链条链轮传动性能的局限而较低。但它在用于企业升降物料的作业中，有着传动可靠，维护方便，坚固耐用的优点。

其他驱动方式还有气压式、直线电动机直接驱动、螺旋驱动等。

1.2.5 按电梯操纵控制方式分类

1. 手柄开关操纵，轿内开关控制：代号 S

电梯司机转动手柄位置（开断/闭合）来操纵电梯运行或停止。要求轿厢上装玻璃窗口，便于司机判断层数，控制开关，这种电梯又包括自动门和手动门两种，多使用在货梯。

2. 按钮控制：代号 A（按钮）

电梯运行由轿厢内操纵盘上的选层按钮或层站呼梯按钮来操纵。某层站乘客将呼梯按钮揿下，电梯就起动运行并应答。在电梯运行过程中如果有其他层站呼梯按钮揿下，控制系统只能把信号记存下来，不能去应答，而且也不能把电梯截住，直到电梯完成前应答运行层站之后方可应答其他层站呼梯信号。

这是一种具备简单控制的电梯，有自平层功能，有轿厢外按钮控制和轿内按钮控制两种形式。

3. 信号控制：代号 XH（信号）

把各层站呼梯信号集合起来，将与电梯运行方向一致的呼梯信号按先后顺序排列好，电梯依次应答接运乘客。电梯运行取决于电梯司机操纵，而电梯在任何层站停靠由轿厢操纵盘上的选层按钮信号和层站呼梯按钮信号控制。电梯往复运行一周可以应答所有呼梯信号。

这是一种自动控制程度较高的电梯，除了具有自动平层和自动开门功能外，尚有轿厢命令登记、厅外召唤登记、自动停层、顺向截停和自动换向等功能，通常用于有司机客梯或客货两用电梯。

4. 集选控制：代号 JX（集选）

在信号控制的基础上把呼梯信号集合起来进行有选择的应答。电梯为无司机操纵。在电梯运行过程中，可以应答同一方向所有层站呼梯信号和按照操纵盘上的选层按钮信号停靠。电梯运行一周后，若无呼梯信号就停靠在基站待命。为适应这种控制特点，电梯在各层站停靠时间可以调整，轿门设有安全触板或其他近门保护装置，轿厢设有过载保护装置等。

5. 下集合（选）控制

集合电梯运行下方向的呼梯信号，如果乘客欲从较低层站到较高层站去，必须乘电梯至底层基站后再乘电梯到要去的高层站。

6. 并联控制电梯：代号 BL（并联）

共用一套呼梯信号系统，把两台或三台规格相同的电梯并联起来控制。无乘客使用电梯时，经常有一台电梯停靠在基站待命，称为基梯；另一台电梯则停靠在行程中间预先选定的层站，称为自由梯。当基站有乘客使用电梯并起动后，自由梯即刻起动前往基站，充当基梯待命。当有除基站外其他层站呼梯时，自由梯就近先行应答，并在运行过程中应答与其运行方向相同的所有呼梯信号。如果自由梯运行时出现与其运行方向相反的呼梯信号，则在基站待命的电梯就起动前往应答。先完成应答任务的电梯就近返回基站或中间选下的层站待命。

当三台并联集选组成的电梯，其中有两台作为基梯，一台为自由梯。运行原则同两台并联控制电梯。并联控制电梯，每台均具集选控制功能。

7. 梯群控制：代号 QK（群控）

在具有多台电梯客且流量大的高层建筑物中，把电梯分为若干组，每组 4~6 部电梯，将几部电梯控制连在一起，分区域进行有程序或无程序综合统一控制，对乘客需要电梯情况进行自动分析后，选派最适宜的电梯及时应答呼梯信号。

群控是用微型计算机控制和统一调度多台集中并列的电梯，它使多台电梯集中排列，共用厅外召唤按钮，按规定程序集中调度和控制。其程序控制分为四程序及六程序，前者将一天中客流情况分成四种，如上行高峰状态运行，下、上行平衡状态运行，下行高峰状态运行及杂散状态运行，并分别规定相应的运行控制方式。后者较前者多上行较下行高峰状态运行，下行较上行高峰状态运行两种程序。

8. 梯群智能控制

梯群智能控制包括数据采集、交换、存储功能，还具有分析、筛选、报告等功能。控制系统可以显示出所有电梯的运行状态。由计算机根据客流情况，自动选择最佳运行控制方式，其特点是分配电梯运行时间，省人、省电、省机器。

1.2.6 其他方式分类

目前电梯技术的发展使电梯控制日趋完善，操作趋于简单，功能趋于多样，分类方式也各不相同。如按驱动方式分类，包括钢丝绳式、液压式；按曳引机房的位置分类包括机房位于井道上部的电梯、机房位于井道下部的电梯。

按控制方式分类包括如下几项。

（1）轿内手柄开关控制的电梯。

（2）轿内按钮开关控制的电梯。

（3）轿内、外按钮开关控制的电梯。

（4）轿外按钮开关控制的电梯。

（5）信号控制的电梯。

（6）集选控制的电梯。

（7）两台或三台并联控制的电梯。

（8）梯群控制的电梯。

如按拖动方式分类包括如下几项。

（1）交流异步单速电动机拖动的电梯。

（2）交流异步双速电动机变极调速拖动的电梯。

（3）交流异步双绕组双速电动机调压、调速（俗称 ACVV）拖动的电梯。

（4）交流异步单速电动机调频、调压、调速（俗称 VVVF）拖动的电梯。

（5）直流电动机拖动的电梯。

1.3　电梯的主要参数

1.3.1　电梯的主参数

1. 额定载重量

额定载重量是指电梯设计所规定的轿内最大载荷。乘客电梯、客货电梯、病床电梯通常采用 320 kg、400 kg、630 kg、800 kg、1 000 kg、1 250 kg、1 600 kg、2 000 kg、2 500 kg 等系列，载货电梯通常采用 630 kg、1 000 kg、1 600 kg、2 000 kg、3 000 kg、5 000 kg 等系列，杂物电梯通常采用 40 kg、100 kg、250 kg 等系列。

2. 额定速度

额定速度是指电梯设计所规定的轿厢速度。标准推荐乘客电梯、客货电梯、病床电梯采用 0.63 m/s、1.00 m/s、1.60 m/s、2.50 m/s 等系列，载货电梯采用 0.25 m/s、0.40 m/s、0.63 m/s、1.00 m/s 等系列，杂物电梯采用 0.25 m/s、0.40 m/s 等系列。而实际使用上则还有 0.50 m/s、1.50 m/s、1.75 m/s、2.00 m/s、4.00 m/s、6.00 m/s 等系列。

1.3.2　电梯的基本规格

1. 额定载重量

电梯设计所规定的轿厢内最大载荷（kg）。

2. 轿厢尺寸

轿厢内部尺寸（mm）：宽×深×高。

3. 轿厢形式

单面开门、双面开门或有其他特殊要求，包括轿顶、轿底、轿壁的表面处理方式，颜色选择，装饰效果，是否装设风扇、空调或电话对讲装置等。

4. 轿门形式

常见轿门有栅栏门、中分门、双折中分门、旁开门及双折旁开门等。

5. 开门宽度

轿厢门和层门完全开启时的净宽度（mm）。

6. 开门方向

对于旁开门，人站在轿厢外，面对层门，门向左开启则为左开门，反之为右开门；两扇门由中间向左右两侧开启者称为中分门。

7. 曳引方式

曳引方式即曳引绳穿绕方式，也称为曳引比，指电梯运行时，曳引轮绳槽处的线速度与轿厢升降速度的比值。

8. 额定速度

电梯设计所规定的轿厢运行速度（m/s）。

9. 电气控制系统

包括电梯所有电气线路采取的控制方式、电力拖动系统采用的形式等。

10. 停层站数

凡在建筑物内各楼层用于出入轿厢的地点称为停层站，其数量为停层站数。

11. 提升高度

由底层端站楼面至顶层端站楼面之间的垂直距离（mm）。

12. 顶层高度

由顶层端站楼面至机房楼面或隔声层楼板下最突出构件之间的垂直距离（mm）。

13. 底坑深度

由底层端站楼面至井道底面之间的垂直距离（mm）。

14. 井道高度

由井道底面至机房楼板或隔声层楼板下最突出构件之间的垂直距离（mm）。

15. 井道尺寸

井道的宽（mm）×深（mm）。

1.4 电梯型号的编制方法

1.4.1 电梯型号编制方法的规定

1986 年我国原城乡建设部和环境保护部颁布的 JJ45—1986《电梯、液压梯产品型号编制方法》中，对电梯型号的编制方法作了如下规定：

电梯、液压梯产品的型号由类、组、型、主参数和控制方式等三部分代号组成。第二、三部分之间用短线分开。

第一部分是类、组、型和改型代号，类、组、型代号用具有代表意义的大写汉语拼音字母表示。产品的改型代号按顺序用小写汉语拼音字母表示，置于类、组、型代号的右下方，如无可以省略不写。

第二部分是主参数代号，其左上方为电梯的额定载重量，右下方为额定速度，中间用斜线分开，均用阿拉伯数字表示。

第三部分是控制方式代号，用具有代表意义的大写汉语拼音字母表示。如图 1 – 11 所示。

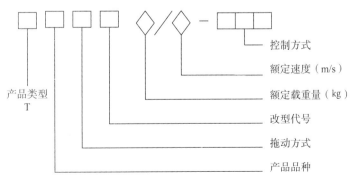

图 1 – 11 电梯型号编制方法

1.4.2 电梯产品型号示例

1. TKJ1000/2.5 – JX

含义：交流调速乘客电梯，额定载重量为 1 000 kg，额定速度为 2.5 m/s，集选控制。

2. TKZ1000/1.6 – JX

含义：直流乘客电梯，额定载重量为 1 000 kg，额定速度为 1.6 m/s，集选控制。

3. TKJ1000/1.6 – JXW

含义：交流调速乘客电梯，额定载重量为 1 000 kg，额定速度为 1.6 m/s，微机集选控制。

4. THY1000/0.63 – AZ

含义：液压货梯。额定载重量为 1 000 kg，额定速度为 0.63 m/s，按钮控制，自动门。

1.5 电梯的性能要求

1.5.1 电梯的安全性

安全运行是电梯必须保证的首要指标，是由电梯的使用要求所决定的，在电梯制造、安装调试、日常管理维护及使用过程中，必须绝对保证的重要指标。为保证安全，对于涉及电梯运行安全的重要部件和系统，在设计制造时留有较大的安全系数，设置了一系列安全保护装置，使电梯成为各类运输设备中安全性最好的设备之一。

1.5.2 电梯的可靠性

可靠性是反映电梯技术的先进程度与电梯制造、安装维保及使用情况密切相关的一项重要指标。反映了在电梯日常使用中因故障导致电梯停用或维修的发生概率，故障率高说明电梯的可靠性较差。

一部电梯在运行中的可靠性如何，主要受该梯的设计制造质量和安装维护质量两方面影响，同时还与电梯的日常使用管理有极大关系。如果使用的是一部制造中存在问题和瑕疵，具有故障隐患的电梯，那么电梯的整体质量和可靠性是无法提高的；然而即使人们使用的是一部技术先进，制造精良的电梯，却在安装及维护保养方面存在问题，同样也会导致大量的故障出现，同样会影响到电梯的可靠性。所以要提高可靠性必须从制造、安装维护和日常使用等几个方面着手。

1.5.3 电梯平层精度

电梯的平层精度是指轿厢到站停靠后，其地坎上平面对层门地坎上平面之间在垂直方向上的距离值，该值的大小与电梯的运行速度、制动距离和制动力矩、拖动方式和轿厢载荷等有直接关系。目前我国规定各类不同速度的轿厢，平层精度必须达到要求，对平层精度的检测，应该分别以轿厢空载和满载作上、下运行，停靠同一层站进行测量，取其最大值作为平层精度。国家标准《电梯技术条件》（GB/T 10058—1997），对轿厢的平层准确度提出了要求，如表 1 – 17 所示。

表1-17 电梯轿厢平层精度

电梯类型	电梯额定速度/m/s	平层精度/mm
交流双速电梯	≤0.63	≤ ±15
	≤1.0	≤ ±30
交、直流快速电梯	1.0~2.0	≤ ±15
交、直流高速电梯	>2.0	≤ ±15

1.5.4 电梯舒适性和考核评价

舒适性是考核电梯使用性能最为敏感的一项指标，也是电梯多项性能指标的综合反映，多用来评价客梯轿厢。它与电梯运行及起、制动阶段的运行速度和加速度、运行平稳性、噪声，甚至轿厢的装饰等都有密切的关系。对于舒适性主要从以下几个方面来考核评价。

（1）当电源保持为额定频率和额定电压、电梯轿厢在50%额定载重量时，向下运行至行程中段（除去加速和减速段）时的速度，不得大于额定速度的105%，且不得小于额定速度的92%。

（2）乘客电梯起动加速度和制动减速度最大值均不应大于1.5 m/s²。

（3）当乘客电梯额定速度为1.0 m/s<v≤2.0 m/s时，其平均加、减速度不应小于0.48 m/s²；当乘客电梯额定速度为2.0 m/s<v≤2.5 m/s时，其加、减速度不应小于0.65 m/s²。

（4）乘客电梯的开关门时间不应超过表1-18中的规定。

表1-18 乘客电梯的开关门时间

开门方式	开门宽度（B）/mm			
	B≤800	800<B≤1 000	1 000<B≤1 100	1 100<B≤1 300
中分自动门	3.2 s	4.0 s	4.3 s	4.9 s
旁开自动门	3.7 s	4.3 s	4.9 s	5.9 s

（5）振动、噪声与电磁干扰。《电梯技术条件》（GB/T 10058—1997）规定：轿厢运行必须平稳，其具体要求如下：

①乘客电梯轿厢运行时，垂直方向和水平方向的振动加速度（用时域记录的振动曲线中的单峰值）分别不应大于25 cm/s²和15 cm/s²。

②电梯的各机构和电气设备在工作时不得有异常振动或撞击声，电梯的噪声值应符合表1-19规定。

表1-19 电梯噪声值

项 目	机 房	运行中轿厢内	开关门过程
	平均	最 大	
噪声值/dB（A）	≤80	≤55	≤65

注：1. 载货电梯仅考核机房内噪声值。
2. 对于v=2.5 m/s的乘客电梯，运行中轿厢内噪声最大值不应大于60 dB（A）。

另外，由于接触器、控制系统、大功率元器件及电动机等引起的高频电磁辐射不应影响附近的收音机、电视机等无线电设备的正常工作，同时电梯控制系统也不应受周围的电磁辐射干扰而发生误动作现象。

（6）节约能源。随着科技的发展，人们逐渐认识到地球上很多能源是不可再生的，同时人类为了获得这些能源付出了破坏环境的严重代价，因此采用先进技术，发展节能、绿色环保电梯也成为人们面临的最大挑战，作为一名与电梯有关人必须在这方面作出最大的努力。

1.6　电梯工作条件和对建筑物的相关要求

现代电梯从运行的安全性、可靠性及维护的方便性等诸多因素考虑，对电梯的工作条件，供安装电梯的建筑物及其他相关方面提出了明确的要求。这一节主要介绍电梯工作方面的国家规范。

1.6.1　电梯的工作条件

1. 基本要求

电梯及其所有零部件应设计正确、结构合理并遵守机械、电气及建筑方面的通用技术要求。制造电梯的材料应具有足够的强度和合适的性能。电梯整机和零部件应有良好的维修和保养，处于正常的工作状态。需要润滑的零部件应装有符合要求的润滑装置。

2. 电梯工作条件

（1）海拔高度不超过 1 000 m。

（2）机房内的空气温度应保持在 5 ℃～40 ℃之间。

（3）运行地点的最湿月月平均相对湿度为90%，同时该月月平均最低温度不高于25 ℃。

（4）供电电压相对于额定电压的波动范围应在 ±7% 以内。

（5）环境空气中不应含有腐蚀性和易燃性气体及导电尘埃。

1.6.2　电梯对建筑物的相关要求

1. 机房

电梯机房一般设置在井道的正上方，目前也有部分机房设置在井道的底部或侧面。机房内由于装设有较大功率的曳引电动机和电气控制系统，在工作时会释放出较多热量，所以机房的通风降温就成为一个相当重要的要求；另外机房必须具有良好的抵御风吹日晒和雨雪雷电的能力。电梯运行的质量在很大程度上取决于曳引机与控制系统的工作质量，同时电梯运行的安全可靠也和这两个部分息息相关，所以机房是整个建筑物中最重要的区域之一。电梯机房不能同其他设备的机房通用，为了便于电梯设备的安装调试、维护保养，机房必须具有一定的面积和高度，具备相关的起重和承载能力；机房必须设有完备的门窗，非有关人员不能随意出入；机房必须与建筑物中其他烟道、水箱、非电梯用水管、气管、电缆等相隔绝。

（1）机房面积：机房面积与机房中安放的设备尺寸、数量、检修空间等有极大关系，目前各电梯厂家的产品各不相同，机房面积也会有很大区别。一般机房有效面积是井道面积的两倍以上，交流低速梯为 2～2.5 倍，直流快速梯为 2.5～3.5 倍，大型轿厢的电梯在不影响设备维护、检修、保养的前提下，机房面积不受上述限制。

（2）机房高度：机房高度是机房地面至机房顶板之间的垂直距离，它同样与机房内安置的设备有关。载客电梯与医用电梯机房的高度应大于 3 m，货梯机房高度应大于 2.5 m，杂物梯机房高度不小于 1.8 m。

（3）主机、电控柜应尽量远离门窗，与门窗正面距离不小于 600 mm，以防雨水浇淋；曳引机与墙壁间距离应大于 500 mm，以方便检修；控制柜正面应有 800 mm 距离，后面与侧面距所有其他设施间应留有 700 mm 以上距离，以便于检修维护之用；电梯的照明、动力总电源应设置在机房入口处，其距地高度应为 1 300 ~ 1 500 mm。

（4）机房地面要求能承受 6 000 N/m² 以上的载荷，在机房井道范围内应设置承重钢梁，以便承受整个电梯系统负载和曳引机重量，在井道顶部曳引机上方必须设有起吊挂钩，以满足曳引机等设备安装和维修之用，起吊挂钩的承载能力必须足够大，对额定载重 3 000 kg 以下的电梯要求具有不小于 2 000 kg 的承载力。

（5）机房楼板上要留有绳孔，具体根据电梯轿厢和对重位置及轿门开向等确定，对于限速器绳孔和其他电气控制管线孔等，也要根据布置图确定。各绳孔口周围，均要求筑有高度为 75 mm 以上，距绳 25 ~ 50 mm 的台阶，以防止油、水等流入井道或细小部件坠入井道。

（6）机房处于建筑最高处，下部有很长的井道，具有抽风效应，所以非常容易将灰尘等物吸入机房，另外在机房中装设有较多的电气设备，均构成火灾隐患，所以在机房内一定要设置扑灭电气火灾的消防设施，如干粉、二氧化碳等灭火器材。

（7）机房一般都布置在建筑物的最高处，在雷雨季节易受到雷电的袭击，为此在机房设计建造时，必须按照低压用电安全规范，安装符合要求、安全可靠的避雷设施。

2．井道的结构要求

（1）每部电梯的井道均应由无孔的墙、底板和顶板完全封闭起来。电梯井道只允许有下列开口（不要求井道防止火灾蔓延的地方除外）。

①层门开口；

②通向井道的检修门、井道安全门及检修活板门的开口；

③火灾情况下排除气体及烟雾的排气孔；

④通风孔；

⑤井道与机房及滑轮间之间的永久性开口。

（2）井道安全门设置。当相邻两层门地坎间的距离大于 11 m 时，其间应设井道安全门，以确保相邻地坎间的距离不大于 11 m（如果相邻轿厢间的水平距离不大于 0.75 m，轿厢顶部边缘与相邻轿厢的运行部件（轿厢或对重）之间水平距离 ≥0.3 m，且都装有轿厢安全门的情况下，可不受此规定限制）。

井道安全门、检修门及检修活板门应符合下列要求。

①不得朝井道内开启。

②应装设用钥匙开启的锁，当门开启后不用钥匙亦能将其关闭及锁住；在锁住的情况下，从井道内部不用钥匙可将门打开。

③这些门应设符合规范要求的电气安全装置，只有在处于关闭状态时，电梯才能运行（检修活板门在检修操作期间例外）；井道安全门的高度不得小于 1.8 m，宽度不得小于

0.35 m；检修门的高度不得小于 1.4 m，宽度不得小于 0.6 m；检修活板门的高度不得大于 0.5 m，宽度不得大于 0.5 m。

④这些门应是无孔的，并且应具有与层门一样的机械强度。

（3）有轿门电梯轿厢与面对轿厢入口处的井道内表面之间的间距。井道内表面与轿厢地坎或轿厢门框架或轿厢门（对于滑动门是指门的最外边沿）之间的水平距离不得大于 0.15 m（互联的折叠门尤其应注意）。

下列情况下上述水平距离允许放宽至 0.2 m。

①在井道的内表面局部一段垂直距离不大于 0.5 m。

②带有垂直滑动门的载货电梯和非商业用汽车电梯。

如果轿厢装有机械锁住的门且只能在层门开锁区域内打开，可不遵守上述这些水平距离的规定。

（4）轿厢和对重下面空间的保护。如果轿厢或对重下面有人们能到达的空间存在，井道底坑的底面最小应按 5 000 N/m² 的载荷设计，并且应做到以下两点。

①将对重缓冲器安装在一直延伸到坚固地面的实心桩墩上。

②对重装设安全钳装置。

（5）顶层空间。当对重完全压在它的缓冲器上时，应同时满足下面四个条件。

①轿厢导轨长度应能提供一个不小于 $0.1 + 0.035V^2$（m）的进一步制导行程。

$0.035V^2$ 表示对应于 115% 额定速度时的重力制动距离的一半，即 $0.033\ 7V^2$，圆整为 $0.035V^2$。

②从一块净面积不小于 0.12 m²，其短边不小于 0.25 m 的供站人用的轿顶最大部件的水平面（不包括下述③的部件面积）与位于轿顶投影部分的井道最低部件的水平面（包括梁和固定在井道顶下面的部件）之间的自由垂直距离，应不小于 $1.0 + 0.035\ V^2$（m）。

③井道顶的最低部件与

a. 固定在轿厢顶上的设备的最高部件之间的自由垂直距离（不包括下述 b）应不小于 $0.3 + 0.035\ V^2$（m）；

b. 导靴与滚轮，曳引绳附件和垂直滑动门的横梁或部件的最高部分之间的自由垂直距离应不小于 $0.1 + 0.035\ V^2$（m）。

④轿厢上方应有足够的空间，该空间的大小以能放进一个不小于 0.5 m × 0.6 m × 0.8 m 的矩形体为准，可以任何一个面朝下放置。对于用曳引绳直接系住的电梯（1:1 绕法），只要曳引绳中心线距矩形体的一个垂直面（至少一个）的距离不超过 0.15 m，悬挂曳引绳和它的连接装置可以包括在这个空间内。

当轿厢完全压在它的缓冲器上时，对重导轨长度应能提供不小于 $0.1 + 0.035\ V^2$（m）的进一步制导行程。

注：当电梯的减速度被可靠地监控时，上述轿厢导轨长度和对重导轨长度的进一步制导行程值可按下述情况减少：

a. 电梯额定速度小于或等于 4 m/s 时，可以减少到 1/2；

b. 电梯额定速度大于 4 m/s 时，可减少到 1/3。

但无论哪种情况，此值均不得小于 0.25 m。

对具有补偿绳并带补偿绳张紧轮及防跳装置（制动或锁闭装置）的电梯，计算间距时，$0.035 V^2$ 这个值可用张紧轮可能的移动量（随使用的绕法而定），再加上轿厢行程的 1/500 来代替，考虑到钢丝绳的弹性，替代的最小值为 0.2 m。

3. 底坑

1）底坑底部的要求

底坑的底部应光滑平整，不得作为积水坑使用。在导轨、缓冲器、栅栏等安装竣工后，底坑不得漏水或渗水。

2）底坑门

如果底坑深度大于 2.5 m，且建筑物的布置允许，应设置底坑进口门。底坑进口门的要求与井道安全门相同。

如果没有其他通道，为便于检修人员安全地进入底坑地面，应在底坑内设置一个从下端站层门进入底坑的永久性装置，此装置不得凸出电梯运行的空间。

3）底坑的空间

当轿厢完全压在它的缓冲器上时，应同时满足下述条件：

（1）底坑内应有足够的空间，该空间的大小以能放进一个不小于 0.5 m × 0.6 m × 1.0 m 的矩形体为准，矩形体可以任何一个面着地。

（2）底坑底与轿厢最低部件之间的自由垂直距离（不包括本条下述部件）应不小于 0.5 m；底坑底与导靴或滚轮安全钳锲块、护脚板或垂直滑动门的部件之间的自由垂直距离不得小于 0.1 m。

4）底坑内电气设置

（1）底坑内应有红色双稳态的电梯停止开关，该开关用于停止电梯和使电梯保持停止状态。应安装在门的近旁，当人打开门进入底坑后能立即触及。停止开关或其近旁应标出"停止"字样，在需要操作停止开关时，不会出现误操作。

（2）电源插座。插座应是 2P + PE 型 250 V。

5）隔障的设置

在井道的下部，在不同的电梯运动部件（轿厢或对重）之间应设置隔障。这种隔障应至少从轿厢或对重行程的最低点延伸到底坑地面以上 2.5 m 的高度。

如果轿厢顶部边缘与相邻轿厢的运动部件（轿厢或对重）之间的水平距离小于 0.3 m，隔障应延长贯穿整个井道的高度，并应超过其有效宽度（有效宽度是指不小于被保护运动部件（或其部分）的宽度加上每边各加 0.1 m 后的宽度）。

6）井道照明的设置

井道应设永久性的电气照明，在维修期间，即使门全部关上，在轿顶或底坑地面以上 1 m 处的照度至少为 50lx（特殊情况，若允许采用非封闭式井道，且周围又有足够的照明，可不设）。

井道照明应这样设置：井道最高和最低点 0.5 m 以内各设一盏灯，中间最大每隔 7 m 设一盏灯。

1.6.3 电梯的施工条件

1. 机房的空间

电梯的机房应是一个用实体的材料（不允许使用带孔或带栅格的材料）制成的墙壁、

房顶、门（或检修活板门）和地面封闭起来的安装电梯驱动主机及其附属设施的一个专用房间。

机房的空间应足够大，以允许维修人员安全和容易地接近所有部件，特别是电气设备。

1）控制屏（柜）前面的水平净空面积

深度：从围壁的外表面测量时不小于0.7 m，在凸出装置（拉手）前面测量时，此距离可以减少至0.6 m；宽度：为0.5 m或控制屏（柜）的全宽度，取两者中较大者。

2）在必要的地点以及需要进行人工紧急操作的地方的水平净空面积

为了对各运动件进行维修和检查，在必要地点以及需要进行人工紧急操作的地方（如手动紧急操作）要有一块不小于0.5 m×0.6 m的水平净空面积。通往这些净空场地的通道宽度应不小于0.5 m。对于没有运动件的地方，此值可减少到0.4 m。

3）供活动和工作场地的净高度

供活动和工作场地的净高度在任何情况下应不小于1.8 m。供活动和工作场地的净高度从屋顶结构横梁下面算起测量到以下两种地面。

（1）通道场地的地面。

（2）工作场地的地面。

4）电梯驱动主机旋转部件上方的垂直净空距离

电梯驱动主机旋转部件的上方应有不小于0.3 m的垂直净空距离。

2. 机房（滑轮间）使用方面的要求

机房或滑轮间不得作为电梯以外的其他用途，也不得设置不是电梯用的槽、电缆、管道等。但这些房间可以设置杂物电梯或自动扶梯的驱动主机、空调设备或采暖设备（但不包括热水或蒸汽采暖设备）及具有较高的动作温度，适用于电气设备（对液压电梯，适用于油类），在一段时间内稳定且有防止意外碰撞的火灾探测器和灭火器。滑轮间应设置红色、双稳态、能防止误操作的停止开关。

1）机房门

只有经过批准的人员（维修、检查和营救人员）才能被允许触及电梯驱动主机及其附属设备和滑轮，因此机房应设门（不得向内开启），门上应加锁（但能从机房内不用钥匙可将其开启），并标上"机房重地，闲人免进"字样。机房门窗应防风雨。

2）机房的环境

为保护电动机、设备以及电缆等尽可能免受灰尘、有害气体和潮气的损害，机房必须通风，从建筑物其他部分抽出的陈腐空气不得排入机房内。机房内的环境温度应保持在5 ℃~40 ℃之间，微机控制的电梯机房宜设置空调设备，以保证满足上述对温度的要求。

3）机房的照明和电源插座

机房照明应是固定式电气照明，地表面上的照度不小于200lx。照明电源应与电梯驱动主机电源分开，可通过另外的电路或通过与主电源供电侧相连的方法获得照明电源，开关应设在机房内靠近入口处。

室内应设置一个或多个电源插座，2P + PE型或安全电压供电。

4）机房的附属设施

为了便于在安装或需要更新设备时吊运设备，在房顶板或横梁的适当位置上应装备一个或多个金属支架或吊钩。

5）机房的场地安全

为了确保有关人员进入机房时的方便和安全，机房场地还应满足下列要求。

（1）机房地面高度不一且相差大于0.5 m时，应设置楼梯或台阶并设置护栏。

（2）有任何深度大于0.5 m，宽度小于0.5 m的凹坑或任何槽坑时应加盖。

（3）楼板和机房地板上的开口尺寸必须减小到最小，机房内钢丝绳与楼板孔洞每边间隙均应为20~40 mm（对额定速度大于2.5 m/s的电梯，运行中的钢丝绳与楼板不应有摩擦的可能），通向井道的孔洞四周应修筑一个高50 mm以上宽度适当的台阶。

6）机房、滑轮间的通道

通向机房、滑轮间的通道应畅通安全，在任何时候都能安全方便地使用。通道应设永久性的电气照明，亮度不低于50lx。人员进入机房和滑轮间的通道应优先考虑全部采用楼梯，如果不能安装楼梯，梯子应满足下列要求：

（1）梯子的踏板应能承受1 500 N的力，梯子的高度不应超过4 m；

（2）应不易滑动或翻转；

（3）放置时，梯子与水平面的夹角应在70°~76°之间（固定的并且高度小于1.5 m的梯子例外）；

（4）梯子必须专用，在通道地面应随时可用，为此应制定必要的规定；

（5）靠近梯子的顶端应设一个或多个容易握到的拉手；

（6）当梯子未固定时，应配备固定的附着点。

知识拓展

电梯与国际特种设备安全监管条例

特种设备是指涉及生命安全、危险性较大的锅炉、压力容器（含气瓶，下同）、压力管道、电梯、起重机械、客运索道、大型游乐设施和场（厂）内专用机动车辆。其中锅炉、压力容器（含气瓶）、压力管道为承压类特种设备；电梯、起重机械、客运索道、大型游乐设施为机电类特种设备。2014年11月，国家质检总局公布了新修订的《特种设备目录》。其中机电类特种设备主要包括：

（一）电梯，是指动力驱动，利用沿刚性导轨运行的箱体或者沿固定线路运行的梯级（踏步），进行升降或者平行运送人、货物的机电设备，包括载人（货）电梯、自动扶梯、自动人行道等。非公共场所安装且仅供单一家庭使用的电梯除外。

（二）起重机械，是指用于垂直升降或者垂直升降并水平移动重物的机电设备，其范围规定为额定起重量大于或者等于0.5 t的升降机；额定起重量大于或者等于3 t（或额定起重力矩大于或者等于40 t·m的塔式起重机，或生产率大于或者等于300 t/h的装卸桥），且提升高度大于或者等于2 m的起重机；层数大于或者等于2层的机械式停车设备。

（三）客运索道，是指动力驱动，利用柔性绳索牵引箱体等运载工具运送人员的机电设备，包括客运架空索道、客运缆车、客运拖牵索道等。非公用客运索道和专用于单位内部通勤的客运索道除外。

（四）大型游乐设施，是指用于经营目的，承载乘客游乐的设施，其范围规定为设计最大运行线速度大于或者等于 2 m/s，或者运行高度距地面高于或者等于 2 m 的载人大型游乐设施。用于体育运动、文艺演出和非经营活动的大型游乐设施除外。

（五）场（厂）内专用机动车辆，是指除道路交通、农用车辆以外仅在工厂厂区、旅游景区、游乐场所等特定区域使用的专用机动车辆。

特种设备包括其所用的材料、附属的安全附件、安全保护装置和与安全保护装置相关的设施。《中华人民共和国特种设备安全法》已由中华人民共和国第十二届全国人民代表大会常务委员会第三次会议于 2013 年 6 月 29 日通过，自 2014 年 1 月 1 日起施行。2014年 11 月，国家质检总局公布了新修订的《特种设备目录》。电梯及相关产品为国家规定的特种设备中的重要组成。

思 考 题

1. 早期电梯以什么方式驱动？
2. 电梯集选控制技术是什么时候出现的？
3. 液压电梯的优点是什么？
4. 电梯安全保障的基本要求是什么？
5. 电梯按用途分类有哪几种？
6. 电梯的驱动方式有哪些？
7. 电梯的控制方式有哪几种？
8. 电梯工作的技术条件是什么？

第 2 章

电梯的组成及运行结构

 案例导入

日本日立公司的火箭电梯

一栋栋欲与天公试比高的摩天大厦的建成，归功于人类不断发展的工程科学，但要到达这些建筑的顶楼却不是容易之事。电梯通常不是一个让人感到舒适的空间，极少人会愿意上个楼也要在电梯里待个十几二十分钟。

2016 年 3 月落成的上海中心大厦采用了目前世界上最高速度的电梯，速度达 1 080 m/min。但这一纪录也即将被打破，因为即将建成的广州 CTF 塔楼的电梯速度能达 1 200 m/min，让电梯在大约 43 秒内从第 1 层上到第 95 层。

广州 CTF 塔楼将采用的电梯，是由日本日立公司所提供的称为"火箭电梯"的一种超高速电梯。

广州 CTF 塔楼共有 111 层，火箭电梯将在几秒内从静止加速到 72 km/h，因楼层较高，大楼有时会被风吹弯，电梯轨道也要随之适应。日立承诺搭乘此电梯的感觉将会是舒适的，也许这个"舒适"是一个相对的概念吧。你可能觉得 72 km/h 只是小菜一碟，还没到一些高速公路的最低限速呢，但其实真正会让你感到痛苦的是气压。即使你在楼里，随着高度的升高同样能感受到气压的变化，尤其是你的耳朵。

CTF 塔楼建成后将有 95 部电梯，只有 2 部是超高速电梯。日立希望在广州运用该设计后能在世界各地将其超高速电梯推广开来。

2.1　电梯的基本结构

2.1.1　电梯的定义及整体结构

根据国家标准《电梯、自动扶梯、自动人行道术语》（GB/T 7024—1997）规定的电梯定义：电梯，Lift，Elevator，服务于规定楼层的固定式升降设备。它具有一个轿厢，运行在至少两列垂直或倾斜角小于 15°的刚性导轨之间。轿厢尺寸与结构形式便于乘客出入或装卸货物。

33

根据上述定义，人们平时在商场、车站见到的自动扶梯和自动人行道，并不能被称为电梯，它们只是垂直运输设备中的一个分支或扩充。

（1）电梯的组成及占用的四个空间，见图2-1。

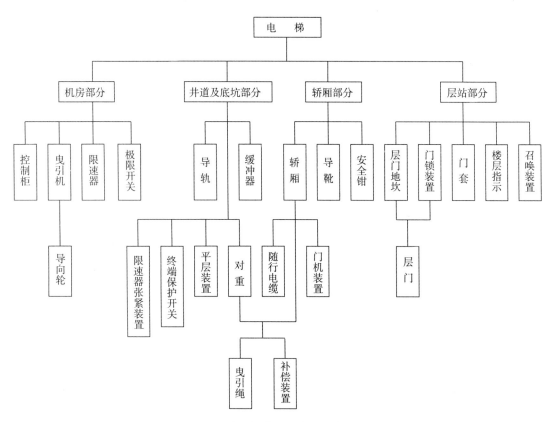

图2-1 电梯的组成（从占用四个空间划分）

（2）曳引式电梯的组成和部件安装示意，见图2-2。

2.1.2 电梯的功能结构

根据电梯运行过程中各组成部分所发挥的作用与实际功能，可以将电梯划分为八个相对独立的系统，表2-1列明了这八个系统的主要功能和组成。如图2-3所示为这八个系统的逻辑关系。

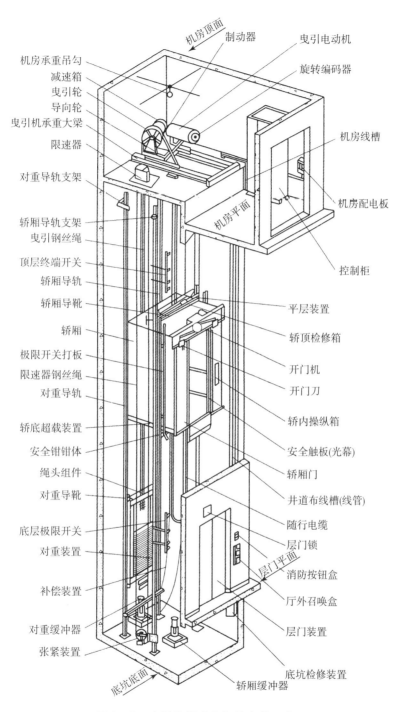

机房顶面　制动器　曳引电动机

机房承重吊勾
减速箱
曳引轮
导向轮
曳引机承重大梁
限速器
对重导轨支架
轿厢导轨支架
曳引钢丝绳
顶层终端开关
轿厢导轨
轿厢导靴
轿厢
极限开关打板
限速器钢丝绳
对重导轨
轿底超载装置
安全钳钳体
绳头组件
对重导靴
底层极限开关
对重装置
补偿装置
对重缓冲器
张紧装置

旋转编码器

机房线槽

机房配电板

机房平面

控制柜

平层装置
轿顶检修箱
开门机
开门刀
轿内操纵箱
安全触板(光幕)
轿厢门
井道布线槽(线管)
随行电缆
层门锁
层门平面
消防按钮盒
厅外召唤盒
层门装置

底坑检修装置
轿厢缓冲器
底坑底面

图2-2　电梯的组成和部件安装示意图

表 2-1　电梯八个系统的功能及主要构件与装置

	功　能	主要构件与装置
曳引系统	输出与传递动力，驱动电梯运行	曳引机、曳引钢丝绳、导向轮、反绳轮等
导向系统	限制轿厢和对重的活动自由度，使轿厢和对重只能沿着导轨作上、下运动，承受安全钳工作时的制动力	轿厢（对重）导轨、导靴及其导轨架等
轿厢系统	用以装运并保护乘客或货物的组件，是电梯的工作部分	轿厢架和轿厢体
门系统	供乘客或货物进出轿厢时用，运行时必须关闭，保护乘客和货物的安全	轿厢门、层门、开关门系统及门附属零部件
重量平衡系统	相对平衡轿厢的重量，减少驱动功率，保证曳引力的产生，补偿电梯曳引绳和电缆长度变化转移带来的重量转移	对重装置和重量补偿装置
电力拖动系统	提供动力，对电梯运行速度实行控制	曳引电动机、供电系统、速度反馈装置、电动机调速装置等
电气控制系统	对电梯的运行实行操纵和控制	操纵箱、召唤箱、位置显示装置、控制柜、平层装置、限位装置等
安全保护系统	保证电梯安全使用，防止危及人身和设备安全的事故发生	机械保护系统：限速器、安全钳、缓冲器、端站保护装置等 电气保护系统：超速保护装置、供电系统断相错相保护装置、超越上下极限工作位置的保护装置、层门锁与轿门电气连锁装置等

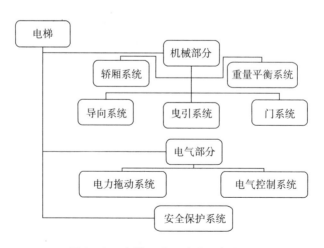

图 2-3　电梯八个系统的逻辑关系

机房内的主要部件通常有主机、控制屏（柜）、限速器、选层器、极限开关等。井道内的主要部件通常有轿厢（及其安装在它上面的一些附件或设施，如轿门、轿顶轮、导靴、安全钳、悬挂装置、随行电缆等）、对重装置（及其安装在它上面的设施，如导靴、悬挂装置等）、层门（及其附属设施如门锁、地坎等）等。底坑内的主要部件通常有缓冲器、对重侧护栏、限速绳张紧装置、补偿绳张紧装置等。

2.2 电梯的曳引机构

2.2.1 曳引机构的组成

电梯曳引机构一般由电动机、制动器、减速箱及曳引轮所组成。以电动机与曳引轮之间有无减速箱可分为有齿轮曳引机和无齿轮曳引机。有齿轮曳引机的减速箱具有降低电动机输出转速，提高输出力矩的作用。如图2-4所示。

图2-4 有齿轮曳引机

有齿轮曳引机目前绝大部分配用交流电动机，通常采用蜗轮蜗杆减速机构；目前也有采用斜齿轮减速和行星齿轮减速机构。有齿轮曳引机最高速度可达4 m/s。

无齿轮曳引机由电动机直接驱动曳引轮。由于没有减速箱作为中间传动环节，因此具有传动效率高、噪声小、传动平稳等优点。但也存在体积大、造价高、维修复杂的缺点。它大都采用直流电动机为动力，一般用于运行速度2.5 m/s以上的高速电梯上。随着交流变频拖动技术的发展，体积小、重量轻的交流无齿轮曳引机正逐步取代传统的直流拖动。无齿轮曳引机如图2-5所示。

永磁同步无齿轮曳引机是近些年来得到迅速发展的新型曳引机，与传统曳引机相比，永磁同步无齿轮曳引机具有以下主要特点。

（1）整体成本较低。传统曳引机体积庞大，需

图2-5 无齿轮曳引机

要专用的机房，而且机房面积也较大，增加了建筑成本。但永磁同步无齿轮曳引机则结构简单、体积小、重量轻，可适用于无机房状态，即使安装在机房也仅需很小的面积，使得电梯整体成本降低。

（2）节约能源。传统曳引机采用齿轮传动，机械效率较低，能耗高，电梯运行成本较高。永磁同步无齿轮曳引机由于采用了永磁材料，没有了励磁线圈和励磁电流消耗，使得电动机功率因数得以提高，与传统有齿轮曳引机相比，能源消耗可以降低40%左右。

（3）噪声低。传统有齿轮曳引机采用齿轮啮合传递功率，所以齿轮啮合产生的噪声较大，并且随着使用时间的增加，齿轮逐渐磨损，导致噪声加剧。永磁同步无齿轮曳引机采用非接触的电磁力传递功率，完全避免了机械噪声、振动、磨损。传统曳引电动机转速较快，产生了较大的运转和风噪。永磁同步无齿轮曳引机本身转速较低，噪声及振动小，所以整体噪声和振动得到明显改善。

（4）高性价比。永磁同步无齿轮曳引机取消了齿轮减速箱，简化了结构，降低了成本，减轻了重量，并且传动效率的提高可节省大量的电能，降低了运行成本。

（5）安全可靠。永磁同步无齿轮曳引机运行中，当三相绕组短接时，轿厢的动能和势能可以反向拖动电动机进入发电制动状态，并产生足够大的制动力矩阻止轿厢超速，所以能避免轿厢冲顶或蹲底事故，当电梯突然断电时，可以松开曳引机制动器，使轿厢缓慢地就近平层，解救乘客。

另外，永磁同步电动机具有起动电流小、无相位差的特点，使电梯起动、加速和制动过程更加平顺，提高了电梯舒适感。

2.2.2 曳引机构的减速器

电梯的工作特性要求曳引机减速器具有体积小、重量轻、传动平稳、承载能力大、传动比大、噪声低等特点。还要有工作可靠、寿命长、维护保养方便的要求。电梯常用的减速器有以下几种。

1. 蜗轮蜗杆减速器

蜗轮蜗杆减速器具有传动平稳、噪声低、抗冲击承载能力大，传动比大和体积小的优点。这是电梯曳引机最常用的减速器。

电梯用蜗轮蜗杆减速器通常有上置、下置和侧置三种蜗杆布置形式。早期蜗杆减速器因润滑要求常采用下置式布置蜗杆，这种配置方式由于润滑油液面加至蜗杆轴心线平面，因此蜗轮摩擦面润滑条件较好，有利于减少起动磨损，提高润滑效率。但是蜗杆轴伸处容易漏油，增加了蜗杆轴油封的复杂性。随着蜗杆传动润滑技术的发展和曳引机轻量化的发展要求，采用法兰盘套装连接电动机的上置和侧置蜗杆形式的减速器大量出现。这种布置可减小曳引机座面积，安装方便，布置灵活，但润滑设计要求较高。见图2-6。

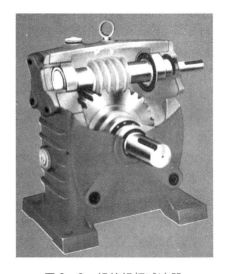

图2-6 蜗轮蜗杆减速器

2. 斜齿轮减速器

斜齿轮减速器在20世纪70年代开始应用于电梯曳引机构。斜齿轮传动具有传动效率高，制造方便的优点。也存在着传动平稳性不如蜗轮传动，抗冲击承载能力不高，噪声较大的缺点。因此斜齿轮减速器在曳引机上应用，要求有很高的疲劳强度，及较高齿轮精度和配合精度，要保证总起动次数2 000万次以上不能发生疲劳断裂。在电梯紧急制动，安全钳和缓冲器动作等情况的冲击载荷作用时，确保齿轮不会有损伤，保证电梯运行安全。见图2－7。

图2－7　斜齿轮减速器

3. 行星齿轮减速器

行星齿轮减速器具有结构紧凑，减速比大，传动平稳性和抗冲击承载能力优于斜齿轮传动，以及噪声小等优点。在交流拖动占主导地位的中高速电梯上有广阔的发展前景。它有利于采用小体积，高转速的交流电动机；且有维护要求简单、润滑方便、寿命长的特点，是一种新型的曳引机减速器。见图2－8。

图2－8　行星齿轮减速器

2.2.3 曳引机构的制动器

1. 制动器的作用

制动器是电梯上一个极其重要的部件。它的主要作用是保持轿厢的停止位置，防止电梯轿厢与对重的重量差产生的重力导致轿厢移动，保证进出轿厢的人员与货物的安全。

电梯制动器必须采用常闭式摩擦型机电式制动器；当主电路或控制电路断电时，制动器必须无附加延迟地立即制动。制动器的制动力应由有导向的压缩弹簧或重锤来施加。制动力矩应足以使以额定速度运行并载有 125% 的额定载荷的轿厢制停。制动过程应至少由两块闸瓦或两套制动件作用在制动轮或制动盘上来实现。如其中之一不起作用时，制动轮或制动盘上应仍能获得足够的制动力，使载有额定载荷的轿厢减速。

为了保证在断电或紧急情况下能移动轿厢，当向上移动具有额定载重负荷的轿厢，所需力不大于 400 N 时，制动器应具有手动松闸装置。应能手动松开制动器并需以持续力保持其松开状态（松手即闭）。当所需动作力大于 400 N 时，电梯应设置紧急电动运行装置。

对于可拆卸的盘车手轮，应放置在机房内容易接近的地方。对于同一机房内多台电梯，如盘车手轮有可能与相配的电梯驱动主机搞混时，则在手轮上做适当标记。

在机房内应易于检查轿厢是否在开锁区。这种检查可借助于曳引绳或限速器绳上的标记来实现。

切断制动器电流至少应用两个独立的电气装置来实现，当电梯停止时，如果其中一个接触器主触点未打开，最迟到下一次运行方向改变时，应防止电梯再运行。

2. 制动器的结构

电梯使用的制动器，为保证动作的稳定性和减小噪声，一般均采用直流电磁铁开闸的瓦块式制动器。制动轮应与曳引轮连接。

制动器一般由制动轮、制动电磁铁、制动臂、制动闸瓦、制动器弹簧等组成，如图 2-9 所示为卧式电磁铁制动器。其工作原理如下：电梯处于停止状态，制动器臂 4 在

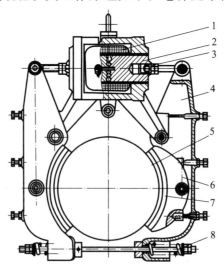

图 2-9 卧式电磁铁制动器

1—线圈；2—电磁铁心；3—调节螺母；4—制动臂；5—制动轮；

6—闸瓦；7—闸皮；8—制动弹簧

制动弹簧 8 作用下，带动制动闸瓦 6 及闸皮 7 压向制动轮 5 工作表面，抱闸制动，此时制动闸瓦紧密贴合在制动轮 5 工作表面上，其接触面积必须大于闸瓦面积的 80% 以上；当曳引机开始运转时，制动电磁铁线圈 1 得电，电磁铁心 2 被吸合，推动制动器臂 4 克服制动弹簧 8 的压力，带动制动闸瓦 6 松开并离开制动轮 5 工作表面，抱闸释放，电梯起动工作。

图 2 - 10 所示的制动器电磁铁是立式的。铁心分为动铁心 6 和定铁心电磁铁座 4，上部的是动铁心，铁心吸合时，动铁心向下运动，顶杆 8 推动转臂 11 转动，将两侧制动臂 9 及闸瓦块 14 和闸皮 15 推开，达到松闸的目的。其工作原理与卧式制动器相同，仅是在传动结构上有所变化。

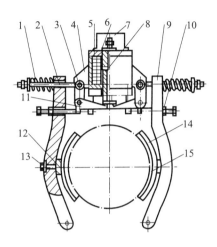

图 2 - 10　立式电磁铁制动器

1—制动弹簧；2—拉杆；3—销钉；4—电磁铁座；5—线圈；6—动铁心；
7—罩盖；8—顶杆；9—制动臂；10—顶杆螺栓；11—转臂；12—球头；
13—连接螺钉；14—闸瓦块；15—闸皮

由于结构限制，瓦块式制动器的独立工作瓦块一般只能为两组，其作用应互相独立。但有些老式制动器的两组制动瓦块不能互相独立作用。当制动弹簧或一侧瓦块动作失效时，另一侧也不能独立起作用，安全性很差，应当淘汰。最新发展的多点作用盘式制动器，其独立制动点多达 6 点以上，并配有故障报警、磨损监测功能。其优点是体积小，重量轻，安全可靠。

无齿轮曳引机的制动器直接作用于曳引轮轴，所需制动力矩很大，制动轮或制动盘的直径不能太小，从而造成制动器体积大大增加。为减小曳引机体积，无齿轮曳引机一般采用内胀式制动器。

2.2.4　曳引机的曳引能力

电梯曳引轮槽中能产生的最大的有效曳引力是钢丝绳与轮槽之间的当量摩擦系数和钢丝绳绕过曳引轮所包络的弧度的函数。它表达了一个连续柔性体在一个刚性圆柱面上包络所产生的摩擦力关系式，即为著名的欧拉公式。其表达式为

$$T_1 / T_2 = e^{f\alpha}$$

这一公式表达了曳引钢丝绳在轮槽中处于滑移临界状态时，曳引轮两侧钢丝绳中较大

拉力与较小拉力之比与当量摩擦系数和包角的数学关系。为保证电梯在工作情况下曳引绳不打滑，必须考虑电梯在任何可能的状态下都要有足够的曳引力。为此必须考虑正常状态下电梯可能产生的最大动载力、静载力，还应考虑钢丝绳与轮槽间的摩擦系数变化的可能。所以，电梯曳引能力必须满足下列公式：

$$\frac{T_1}{T_2} = C_1 \cdot C_2 \leqslant e^{f\alpha}$$

式中：T_1/T_2——曳引轮两侧钢丝绳中较大静张力与较小静引力之比，取轿厢载有125%额定载荷处于最低层站时和空载轿厢位于最高层站时两种工况中张力比之中的较大值。

C_1——与轿厢加减速度有关的系数，其值为 $C = \frac{(g+a)}{(g-a)}$。g 为重力加速度，a 为轿厢电气拖动最大加减速度中绝对值的较大值。C_1 的最小允许值如下：

$0 < v \leqslant 0.63$ m/s，为 1.10；

0.63 m/s $< v \leqslant 1$ m/s，为 1.15；

1 m/s $< v \leqslant 1.6$ m/s，为 1.20；

1.6 m/s $< v \leqslant 2.5$ m/s，为 1.25；

$v > 2.5$ m/s，为 $\not< 1.25$。

C_2——与曳引轮槽形状有关的磨损补偿系数，对半圆或半圆带切口槽，$C_2 = 1$，对 V 形槽，$C_2 = 1.2$；

f——钢丝绳在曳引轮槽中的当量摩擦系数；

α——钢丝绳在曳引轮上的包角（弧度）。

从以上公式可以看出，在 C_1、C_2 取最小值后，要提高电梯的曳引能力，可从增大 $e^{f\alpha}$ 的值和减小 T_1/T_2 之比值入手。

1. 提高当量摩擦系数

电梯曳引能力公式中 f 是当量摩擦系数，它与曳引轮槽和钢丝绳的实际接触状况有关。改变轮槽与钢丝绳的接触形式可提高当量摩擦系数。

采用 V 形槽时，当量摩擦系数为

$$f = \frac{\mu}{\sin\left(\frac{\gamma}{2}\right)}$$

式中：μ——钢丝绳与轮槽的实际摩擦系数；

γ——V 形槽的槽形夹角。

从以上公式可见，减小 V 形槽槽形角和加大半圆槽切口角均可提高当量摩擦系数。但这样会使钢丝绳在轮槽中所受到的挤压力增加，使钢丝绳使用寿命降低。且因 V 形槽的槽形角过小会导致钢丝绳卡在轮槽内；半圆槽切口角过大同样会造成卡绳；影响电梯正常运行。因此 V 形槽槽形角不宜小于 32°；半圆槽切口角不宜大于 106°。

2. 增大包角

增大钢丝绳在曳引轮上的包角也是提高曳引能力的有效手段，增大包角可采用复绕形式。复绕使曳引绳重复绕过曳引轮，使包角增加一倍以上，可大大提高曳引能力。但复绕方式使曳引轮宽度成倍增加，还使曳引轮和导向轮轴受力成倍增加，所以复绕形式一般用于无齿轮曳引机上。

3. 提高轿厢自重

为使电梯轿厢在极端工况下不发生曳引打滑，应考虑两种极端工况。假定加速度和槽形磨损系数 C_1、C_2 不变，曳引绳及随行电缆自重已由补偿装置平衡，则空载轿厢位于最高层站时，T_1/T_2 可表达为

$$\frac{T_1}{T_2} = \frac{P + \psi Q}{P}$$

式中：ψ——平衡系数；

　　　P——轿厢自重，kg；

　　　Q——额定载重量，kg。

令 $k = P/Q$ 则有：

$$\frac{T_1}{T_2} = \frac{(k + \psi)Q}{kQ} = \frac{k + \psi}{k}$$

同样，当轿厢载有 125% 额定载荷位于最低层站时，T_1/T_2 可表达为

$$\frac{T_1}{T_2} = \frac{1.25Q + P}{P + \psi Q} = \frac{1.25 + k}{k + \psi}$$

因为 T_1/T_2 大于 1，当轿厢自重增加，即 k 增大时，上两式中分子分母同时加上一个增量 k_0 则有：

$$\frac{k + k_0 + \psi}{k + k_0} < \frac{k + \psi}{k}$$

$$\frac{1.25 + k + k_0}{k + k_0 + \psi} = \frac{1.25 + k}{k + \psi}$$

由上两式可以看出，当轿厢自重增加时保持平衡系数不变，实际曳引比必减小，也就使电梯的曳引能力得到增强。但轿厢自重增加是以增加材料消耗为代价的，因此一般在设计中应尽量避免。

2.2.5　曳引钢丝绳

1. 曳引钢丝绳的结构、材料要求

曳引钢丝绳也称曳引绳，是电梯上专用的钢丝绳，其功能就是连接轿厢和对重装置，并被曳引机驱动使轿厢升降，它承载着轿厢自重、对重装置自重、额定载重量及驱动力和制动力的总和。

曳引钢丝绳一般采用圆形股状结构，主要由钢丝、绳股和绳芯组成，如图 2 - 11 所示。钢丝是钢丝绳的基本组成件，要求钢丝有很高的强度和韧性（含挠性），图 2 - 12 为钢丝绳横截面图。

钢丝绳股由若干根钢丝捻成，钢丝是钢丝绳的基本强度单元。每一个绳股中含有相同规格和数量的钢丝，并按一定的捻制方法制成绳股，再由若干根绳股编制成钢丝绳，股数多，疲劳强度就高。绳芯是被绳股所缠绕的挠性芯棒，通常由剑麻纤维或聚烯烃类（聚丙烯或聚乙烯）等合成纤维制成，能起到支撑和固定绳股的作用，且能储存润滑剂。《电梯

图2-11　钢丝绳股状结构

图2-12　钢丝绳横截面图

用钢丝绳》（GB 8903—2005）中规定电梯使用的曳引钢丝绳一般是 6 股和 8 股，即 6 × 19S + NF 和 8 × 19S + NF 两种。见图 2 - 13。

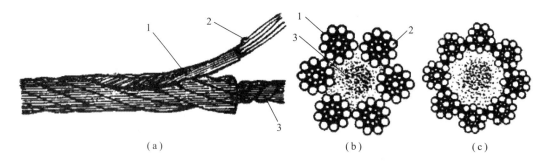

（a）　　　　　　　　　　　（b）　　　　　　　　　（c）

图2-13　圆形股电梯用钢丝绳

（a）钢丝绳结构放大图；（b）6 × 19S + NF 钢丝绳；（c）8 × 19S + NF 钢丝绳

1—绳股；2—钢丝；3—绳芯

6 × 19S + NF 型钢丝绳为 6 股，每股 3 层，外侧两层均为 9 根钢丝，内部为 1 根钢丝；8 × 19S + NF 型与 6 × 19S + NF 型结构相同，钢丝绳为 8 股，每股 3 层，外侧两层均为 9 根钢丝，内部为 1 根钢丝。上述钢丝绳直径有 6 mm、8 mm、11 mm、13 mm、16 mm、19 mm、22 mm 等几种规格。

《电梯用钢丝绳》（GB 8903—2005）对钢丝的化学成分、力学性能等也做了详细规定，要求由含碳量为 0.4% ~ 1% 的优质钢材制成，材料中的硫、磷等杂质的含量小于 0.035%。

2. 曳引钢丝绳的性能要求

由于曳引绳在工作中反复受到弯曲，且在绳槽中承受很高的比压，并频繁承受电梯起动、制动时的冲击，因此在强度、挠性及耐磨性方面，均有很高要求。

1）强度

对曳引绳的强度要求，体现在静载安全系数上。

静载安全系数为

$$K_{\text{静}} = Pn/T$$

式中：$K_{\text{静}}$——钢丝绳的静载安全系数；

P——钢丝绳的最小破断拉力；N；

n——钢丝绳根数；

T——作用在轿厢侧钢丝绳上的最大静荷力，N。

T = 轿厢自重 + 额定载重 + 作用于轿厢侧钢丝绳的最大自重

对于 $K_{静}$，国家标准规定应大于 12。

从使用安全的角度看，曳引绳强度要求的内容还应加上对钢丝根数的要求。国家标准规定不少于 3 根。

2）耐磨性

电梯在运行时，曳引绳与绳槽之间始终存在着一定的滑动，而产生摩擦，因此要求曳引绳必须有良好的耐磨性。钢丝绳的耐磨性与外层钢丝的粗度有很大关系，因此曳引绳多采用外粗式钢丝绳，外层钢丝的直径一般不小于 0.6 mm。

3）挠性

良好的挠性能减少曳引绳在弯曲时的应力，有利于延长使用寿命，为此，曳引绳均采用纤维芯结构的双挠绳。

3. 曳引钢丝绳的主要规格参数与性能指标

（1）主要规格参数：公称直径，指绳外围最大直径。

（2）主要性能指标：破断拉力及公称抗拉强度。

①破断拉力：指整条钢丝绳被拉断时的最大拉力，是钢丝绳中钢丝的组合抗拉能力，取决于钢丝绳的强度和绳中钢丝的填充率。

②破断拉力总和：是指钢丝在未被缠绕前抗拉强度的总和。但钢丝绳一经缠绕成绳后，由于弯曲变形，使其抗拉强度有所下降，因此两者间关系有一定比例。

$$破断拉力 = 破断拉力总和 \times 0.85$$

③钢丝绳公称抗拉强度：是指单位钢丝绳截面积的抗拉能力。

$$钢丝绳公称抗拉强度 = \frac{钢丝绳破断拉力总和}{钢丝绳截面积总和}$$

4. 钢丝绳端部连接装置

曳引钢丝绳的端部连接装置是电梯上一组重要的承力构件。钢丝绳与端部连接装置的结合强度应至少能承受钢丝绳最小破断负荷的 80% 。每根绳端的连接装置应是独立的，每根绳至少有一端的连接装置是可调节钢丝绳张力的。

钢丝绳端部连接装置常用的有以下几种。

1）锥套型

连接锥套经铸造或锻造成型，根据吊杆与锥套的连接方式，端部连接锥套又可分为绞接式、整体式、螺绞连接式。

钢丝绳与锥套的连接是在电梯安装现场完成的。最常用的是巴氏合金浇铸法。将钢丝绳端部绳股拆开并清洗干净，然后将钢丝折弯倒插入锥套，将熔融的巴氏合金灌入锥套，冷却固化即可。但这种方法操作不当很难达到预计强度。

2）自锁楔型

自锁楔型绳套由套筒和楔块组成，见图 2 - 14。钢丝绳绕过楔块后穿入套筒，依靠楔块与套筒内孔斜面的配合，在钢丝绳拉力作用下自锁固定。为防止楔块松脱，楔块下端设有开口销，绳端用绳夹固定。这种绳端连接方法具有拆装方便的优点，但抗冲击性能较差。

3）绳夹

使用钢丝绳通用绳夹紧固绳端是一种简单方便的方法。如图2-15所示，钢丝绳绕过鸡心环套形成连接环，绳端部至少用三个绳夹固定。由于绳夹夹绳时对钢丝绳产生很大的应力，所以这种连接方式连接强度较低，一般仅在杂物梯上使用。

图2-14　自锁楔形绳套

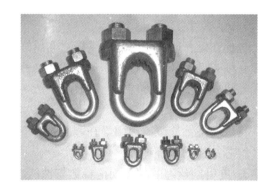

图2-15　绳夹

电梯钢丝绳端部连接装置的形式还有捻接、套管固定等方法。钢丝绳张力调节一般采用螺纹调节。为减少各绳伸长差异对张力造成过大影响，一般在绳端连接处加装压缩弹簧或橡胶垫以均衡各绳张力，同时起缓冲减震作用。曳引钢丝绳的张力差应小于5%。

2.3　电梯的轿厢及门系统

2.3.1　电梯的轿厢系统

1. 轿厢总体构造

轿厢总体构造如图2-16所示，轿厢本身主要由轿厢架和轿厢体两部分构成，其中还包括若干个构件和有关的装置。

轿厢架是承重结构件，是一个框形金属架，由上、下、立梁和拉条（拉杆）组成。框架的材质选用槽钢或按要求压成的钢板，上、下、立梁之间一般采用螺栓联结。在上、下梁的四角有供安装轿厢导靴和安全钳的平板，在上梁中部下方有供安装轿顶轮或绳头组合装置的安装板，在立梁上（也称侧立柱）留有安装轿厢开关板的支架。

轿厢体形态像一个大箱子，由轿底、轿壁、轿顶及轿门等组成，轿底框架采用规定型号及尺寸的槽钢和角钢焊成，并在上面铺设一层钢板或木板。为使之美观，常在钢板或木板之上再粘贴一层塑料地板。轿壁由几块薄钢板拼合而成。每块构件的中部有特殊形状的纵向筋，目的是增强轿壁的强度，并在每块物体的拼合接缝处，有装饰嵌条遮住。轿内壁板面上通常贴有一层防火塑料板或采用具有图案、花纹的不锈钢薄板等，也有把轿壁填灰磨平后再喷漆的。轿壁间，以及轿壁与轿顶、轿底之间一般采用螺钉联结、紧

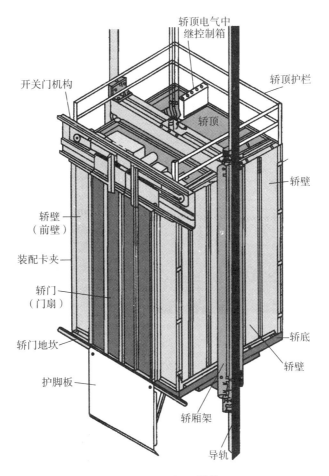

开关门机构

轿顶电气中
继控制箱

轿顶护栏

轿顶

轿壁

轿壁
(前壁)

装配卡夹

轿门
(门扇)

轿门地坎

护脚板

轿厢架

导轨

轿底

轿壁

图2-16 轿厢结构

固。轿顶的结构与轿壁相似，要求能承受一定的载重（因电梯检修工有时需在轿顶上工作），并有防护栏以及根据设计要求设置安全窗。有的轿顶下面装有装饰板（一般客梯有，货梯没有），在装饰板的上面安装照明、风扇。

另外，为防止电梯超载运行，多数电梯在轿厢上设置了超载装置。超载装置安装的位置，有轿底称重式（超载装置安在轿厢底部）及轿顶称重式（超载装置安在轿厢上梁）等。

2. 轿厢的分类

1）按用途分类

轿厢按用途分类可分为客梯轿厢、货梯轿厢、住宅梯轿厢、病床梯轿厢、汽车梯轿厢、观光梯轿厢和杂物梯轿厢。

2）按开门方式分类

轿厢按开门方式分类可分为自动门轿厢、手动门轿厢和半自动门轿厢。

3）按门结构形式分类

轿厢按门结构方式分类可分为中分门轿厢、双折或三折侧开门轿厢、铰链门轿厢和直分门轿厢。

4）按轿底结构分类

轿厢按轿底结构分类可分为固定轿底轿厢和活动轿底轿厢。

3. 轿厢构成的相关规定

电梯轿厢是运载乘客或货物的金属箱框形装置。其一般形状见图2-17。

图2-17　电梯轿厢

1）轿厢的构成

轿厢一般由轿厢架、轿底、轿壁、轿顶、轿门及开门机构成。

轿厢架由上梁、下梁、立柱、拉条等部件组成。其作用是固定和悬吊轿厢；在上、下梁两端固定有导靴，引导轿厢沿着导轨上下移动，保持轿厢在井道内的水平位置。在下梁上装有安全钳，在电梯超速下坠时，安全钳可在限速器带动下将轿厢夹持在导轨上，在上梁上还有固定绳吊板或轿顶反绳轮，起悬吊轿厢的作用。

电梯轿厢是装载乘客或货物，具有方便出入门装置的箱形结构部件，是与乘客或货物直接接触的。轿厢由轿厢架和轿厢体组成，导靴、安全钳及操纵机构等也装设于轿厢架上，其基本结构如图2-18所示。

在轿厢整体结构中，轿厢架作为承重结构件，制作成一个金属框架，一般由上梁、下梁、立梁和拉条等组成。框架选用型钢或钢板按要求压成型材构成，上梁、下梁、立梁之间一般采用螺栓联结。在上、下梁的两端有供安装轿厢导靴和安全钳的位置，在上梁中部设有安装轿顶轮或绳头组合装置的安装板，上梁上还装有安全钳操作拉杆和电气开关，在立梁（侧立柱）上留有安装轿厢壁板的支架及排布有安全钳操纵拉杆等。

2）轿厢的一般规定

为保证轿厢的功能满足各种使用要求，对轿厢的几何尺寸有相应的要求。各类轿厢除杂物梯外内部净高度至少为2 000 mm。通常，载货电梯内部净高度为2 000 mm。乘客电梯因顶部装饰需要净高度为2 400 mm。住宅电梯为满足家具的搬运，其内部高度一般为2 400 mm。轿厢门净高度至少为2 000 mm。

轿厢的宽深比一般是客梯轿厢宽度大而深度较小，以利于增加开门宽度，方便乘客出入。病床梯轿厢为满足搬运病床的需要，深度不小于2 500 mm，宽度不小于1 600 mm。货梯轿厢可根据运载对象确定不同的宽深度尺寸。

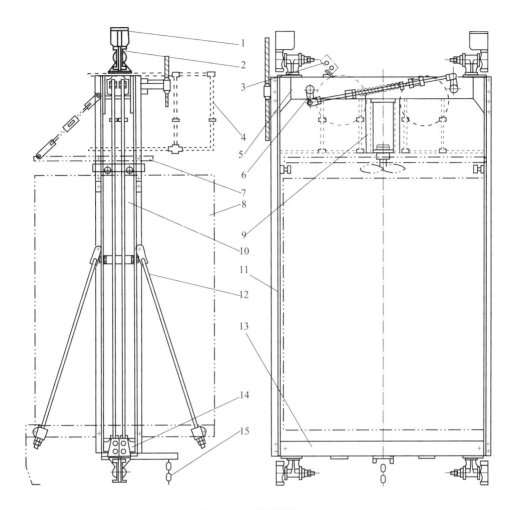

图 2－18　轿厢结构示意图

1—导轨加油盒；2—导靴；3—轿顶检修窗；4—轿顶安全护栏；5—轿架上梁；6—安全钳传动机构；
7—开门机架；8—轿厢；9—风扇架；10—安全钳拉杆；11—轿架立梁；12—轿厢拉条；
13—轿架下梁；14—安全钳体；15—补偿装置

　　为防止由于乘客拥挤引起超载，客梯轿厢的有效面积应予以限制，表 2－2 即为电梯额定载重量与轿厢最大有效面积关系的规定。

　　额定载重量超过 2 500 kg 时，每增加 100 kg 面积增加 0.16 m²，对中间的载重量其面积由线性插入法确定。

　　电梯的额定乘客数量应根据电梯的额定载重量由下述公式求得：

$$额定载客数 = 额定载重量/75$$

　　计算结果向下圆整到最近的整数，或按表 2－3，取其中较小的数值。

　　注：超过 20 位乘客时，对超出的每一乘客增加 0.115 m²。

　　为避免轿厢乘员过多引起超载，必须对轿厢的有效面积做出限制。轿厢的有效面积指轿厢壁板内侧实际面积，国标《电梯制造与安装安全规范》（GB 7588—2003）对轿厢的有效面积与额定载重量、乘客人数都做了具体规定，如表 2－2、表 2－3 所示。

表2-2 乘客人数与轿厢最小面积

乘客人数	轿厢最小有效面积/m²	乘客人数	轿厢最小有效面积/m²	乘客人数	轿厢最小有效面积/m²	乘客人数	轿厢最小有效面积/m²
1	0.28	6	1.17	11	1.87	16	2.57
2	0.49	7	1.31	12	2.01	17	2.71
3	0.60	8	1.45	13	2.15	18	2.85
4	0.79	9	1.59	14	2.29	19	2.99
5	0.98	10	1.73	15	2.43	20	3.13

注：超过20位乘客时，每超出一位增加0.115 m²。

表2-3 额定载重量与轿厢最大有效面积

额定载重量/kg	轿厢最大有效面积/m²	额定载重量/kg	轿厢最大有效面积/m²
100[①]	0.37	900	2.20
180[②]	0.58	975	2.35
225	0.70	1 000	2.40
300	0.90	1 050	2.50
375	1.10	1 125	2.65
400	1.17	1 200	2.80
450	1.30	1 250	2.90
525	1.45	1 275	2.95
600	1.60	1 350	3.10
630	1.66	1 425	3.25
675	1.75	1 500	3.40
750	1.90	1 600	3.56
800	2.00	2 000	4.20
825	2.05	2 500[③]	5.00

注：①一人电梯的最小值；

②二人电梯的最小值；

③额定载重量超过2 500 kg时，每增加100 kg，面积增加0.16 m²。对中间的载重量，其面积由线性插入法确定。

乘客数量由下述方法确定：

按公式（额定载重量/75）计算结果向下圆整到最近的整数或按表2-2取其较小的数值。

载货电梯及未经批准且未受过训练的使用者使用的非商业用汽车电梯，其轿厢有效面积亦应予以限制。此外在设计计算时，不仅要考虑额定载重量，还要考虑可能进入轿厢的运载重量（货物比重不同造成的差异）。特殊情况，为了满足使用要求而难以同时满足对其轿厢有效面积予以限制的载货电梯和病床电梯在其额定载重量受到有效控制条件下（如安装超载限制装置，且保持灵敏可靠）轿厢面积可参照表2-2的规定执行。

专供批准的且受过训练的使用者使用的非商业用汽车电梯，额定载重量应按单位轿厢有效面积不小于200 kg/m²计算，与上述防止轿厢引起超载的方法不同之处在于这种电梯是以轿厢有效面积乘以单位面积规定能承受的载重量来决定额定载重量，而不是采用限制轿厢有效面积来限制载重量（或人数）。

3）轿厢护脚板规定

为了防止轿厢平层结束前提前开门或平层后轿厢地坎高出层门地坎时因剪切而伤害脚趾，每一轿厢地坎均须装设护脚板，其宽度应等于相应层站入口整个净宽度。护脚板的垂直部分以下应成斜面向下延伸，斜面与水平面的夹角应大于60°，该斜面在水平面上的投影深度不得小于20 mm，垂直部分的高度应不小于0.75 m。

4）轿壁、轿厢地板和轿顶的结构要求

轿壁、轿厢地板和轿顶必须具有足够的机械强度，且应完全封闭，只允许有下列开口。

（1）使用者经常出入的入口。

（2）轿厢安全门或轿厢安全窗。

（3）通风孔。

5）紧急报警装置规定

为使乘客在需要的时候能有效地向轿厢外求援，应在轿厢内装设乘客易于识别和触及的报警装置。该装置可采用警铃、对讲系统、外部电话或类似的形式。其电源应来自可自动再充电的紧急电源或由等效的电源来供电（当轿厢内电话与公用电话网连接时，不必执行此规定）。建筑物内的组织机构应能及时、有效地应答紧急求援呼救。

如果电梯行程大于30 m，在轿厢和机房之间还应设置可自动再充电的紧急电源供电的对讲系统或类似装置，使维修和检查变得更加方便和安全。

6）轿厢照明规定

轿厢应装设永久性的电气照明，使控制装置上的照明度应不小于50lx，轿厢地板上的照明度宜不小于50lx。如果照明是采用白炽灯，则至少要有两只灯泡并联。轿厢内还应备有可自动再充电的紧急照明电源，在正常电源被中断时，它至少能供1 W 灯泡用电1 h，并能自动接通电源。见图2-19。

图2-19 轿厢照明

7）轿顶要求及其在轿顶上的装置规定

轿顶应有一定的机械强度，能支撑两个人，即在轿顶的任何位置上，均能承受 2 000 N 的垂直力而无永久变形。轿顶应具有一块不小于 0.12 m^2 的站人净面积，其短边应不小于 0.25 m。

如果在轿架上固定有反绳轮，则应设置挡绳装置和护罩，以避免悬挂绳松弛时脱离绳槽，伤害人体和绳与绳槽之间进入杂物。这些装置的结构应不妨碍对反绳轮的检查和维修，若悬挂采用链条时，也要有类似的装置。

轿顶上应安装检修运行控制装置、停止开关和电源插座。

2.3.2 电梯的门系统

1. 电梯门系统及其作用

1）门系统的组成

门系统主要包括轿门（轿厢门）、层门（厅门）与开门、关门等系统及其附属的零部件。

2）作用

层门和轿门都是为了防止人员和物品坠入井道或轿内乘客和物品与井道相撞而发生危险，是电梯的重要安全保护设施。

3）层门

电梯层门，是乘客在使用电梯时首先看到或接触到的部分，是电梯很重要的一个安全设施。根据不完全统计，电梯发生的人身伤亡事故约有70%是由于层门的质量及使用不当等引起的。因此，层门的开闭与锁紧是使电梯使用者安全的首要条件。

4）轿门、层门及其相互关系

轿门是设置在轿厢入口的门，是设在轿厢靠近层门的一侧，供司机、乘客和货物的进出。简易电梯，开关门是用手操作的称为手动门。一般的电梯，都装有自动开启，由轿门带动的，层门上装有电气、机械连锁装置的门锁。只有轿门开启才能带动层门的开启。所以轿门称为主动门，层门称为被动门。

只有轿门、层门完全关闭后，电梯才能运行。

为了将轿门的运动传递给层门，轿门上设有系合装置（如门刀），门刀通过与层门门锁的配合，使轿门能带动层门运动。

为了防止电梯在关门时将人夹住，在轿门上常设有关门安全装置（防夹保护装置）。

2. 电梯门的分类

电梯门从安装位置来分可以分为两种，装在井道入口层站处的为层门，装在轿厢入口处的为轿厢门。层门和轿厢门按照结构形式可分为中分门、旁开门、垂直滑动门、铰链门等。中分式门主要用在乘客电梯上，旁开式门在货梯和病床梯上用得较普遍，垂直滑动门主要用于杂物梯和大型汽车电梯上。铰链门在国内较少采用，在国外住宅梯中采用较多。

3. 电梯门的组成和结构

电梯层门和轿厢门一般由门、导轨架、滑轮、滑块、门框、地坎等部件组成。门一般由薄钢板制成，为了使门具有一定的机械强度和刚性，在门的背面配有加强筋。为减小门运动中产生的噪声，门板背面涂贴防震材料。门导轨有扁钢和 C 形折边导轨两种；门通过滑轮与导轨相连，门的下部装有滑块，插入地坎的滑槽中；门的下部导向用的地坎由铸铁、铝或铜型材制作，货梯一般用铸铁地坎，客梯可采用铝或铜地坎。

4. 层门的基本要求

层门应是无孔的门，净高度不得小于 2 m。层门关闭后门扇之间及门扇与立柱、门楣和地坎之间的间隙应尽可能的小，乘客电梯应为 1~6 mm，载货电梯应为 1~8 mm。为了避免运行期间发生剪切的危险，自动层门的外表面不应有大于 3 mm 的凹进或凸出部分（三角形开锁处除外）。这些凹进或凸出的部分边缘应在两个方向上倒角。装有门锁的层门应具有一定的机械强度。在水平滑动门的开启方向，以 150 N 的人力（不用工具）施加在一个最不利点上时，门扇之间及门扇与立柱、门楣之间的间隙不得大于 30 mm。层门净进口宽度比轿厢净入口宽度在任何一侧的超出部分均不应大于 0.05 m（采用了适当措施的除外）。

5. 层门地坎

层门地坎应具有足够的机械强度，以承受通过它进入轿厢的载荷，其水平度不大于 2/1 000。各层站地坎应高出装饰后的地面 2~5 mm，以防止层站地面洗涮、洒水时，水流进井道。

6. 层门的导向装置

水平滑动门的顶部和底部都应设有导向装置，层门在正常运行中应避免脱轨、卡住或在行程终端错位。

7. 层门的运动保护

动力操纵的水平滑动门应尽量减少人被门扇撞击而造成伤害，为此国家标准规范作了如下的一些规定。

（1）阻止关门的力应不大于 150 N（这个力的测量在关门行程开始后的 1/3 之后进行）。

（2）层门及其刚性连接的机械零件的动能，在平均关门速度下的测量值或计算值应不大于 10 J。在使用人员连续控制下进行关闭的门（撤住按钮才能使其关闭的门），其动能大于 10 J 时，最快的门扇平均关门速度不得大于 0.3 m/s。

（3）应有一个保护装置（通常设在轿门上），当乘客在层门关闭或开始关闭过程中通过入口而被门撞击（或将被撞击）时，该保护装置应自动使门重新开启（但该保护装置在每扇门的最后 50 mm 的行程中可以不起作用）。

8. 层站的局部照明

在层站附近，层站的自然或人工照明，在地面上应不小于 50lx，以便使用者在打开层门进入轿厢时，即使轿厢照明发生故障时也能看清轿厢。

若采用透明窥视窗时，应符合下列条件。

（1）窥视窗应具有与层门相同的机械强度。

（2）玻璃的厚度不得小于 6 mm。

（3）每个层门的玻璃面积不得小于 0.015 m，每个窥视窗的面积不得小于 0.01 m^2。

（4）宽度不小于 60 mm，不大于 150 mm。宽度大于 80 mm 的窥视窗下沿距地面不得小于 1 m。

（5）如果层门采用窥视窗，则轿门上也必须装窥视窗。当轿厢处于平层位置时，两个窥视窗的位置应重合。

若采用一个发光的"轿厢在此"信号灯时，它只能当轿厢即将停在或已经停在特定的楼层时燃亮。在轿厢停留在那里的所有时间内，该信号灯应保持燃亮。

9. 轿门的基本要求

轿门的基本要求与层门的要求基本相同。

10. 轿门的开启

如果电梯由某种原因停在靠近层站的地方，为允许乘客离开轿厢，在轿厢停住并切断开门机（如果有的话）电源的情况下应能在层站处从轿内用手开启或部分开启轿门。如果层门与轿门联动，从轿厢内用于开启或部分开启轿门的同时，联动开启层门或部分开启层门。

上述轿门的开启应至少能够在开锁区内施行，开门所需的力不得大于 300 N。

11. 轿厢安全窗

对于有一个或两个轿厢入口没有设轿门的电梯，轿厢必须设安全窗，其尺寸应不小于 0.35 m×0.5 m。安全窗应有手动上锁装置，不用钥匙能从轿厢外开启，但用三角形钥匙能从轿厢内开启。安全窗只能向轿外开启，且开启后位置不得超过轿厢的边缘。安全窗上应有电气安全装置，以确保只在安全窗锁紧的情况下电梯才能运行。

12. 开门机的特点与组成

电梯层门和轿厢门的开关一般有自动、半自动和手动三种形式。目前除用户要求指定开关门动作形式外，一般均采用自动门机开关门。常见的门机构见图 2-20。

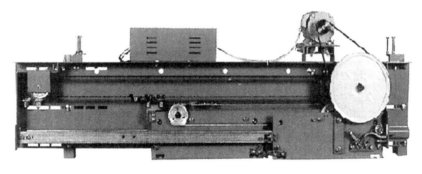

图 2-20   电梯门机

1）开门机的特点

使用自动门机开关门动作速度平稳，噪声小，无冲击，有利于提高层轿门结构的寿命。

采用自动门机开关门减少了乘客的操作劳动，提高了开关门速度，缩短了开关门的时间，提高了电梯的运行效率。

在有自动功能的电梯上，为使电梯在无人操作情况下自动应答层站召唤信号，必须具备自动开关门功能。

2）开门机的结构组成

门机一般设置在轿厢顶部，根据不同的门结构形式，门机可位于轿顶前沿中部或旁侧。

门机结构中电动机可以是交流电机，也可以是直流电机。以两级三角皮带传动减速，第二级大皮带轮兼作曲柄轮。曲柄轮顺时针转动，门开启；反之，门关闭。门电机在切换电阻调速时，可由安装在曲柄轮转动轴上的凸轮来控制行程开关；也可由安装在门扇上的撞弓来控制行程开关，实现调速功能。采用变频调速控制门机，是实现门机平稳动作、节能降噪的最佳选择。

2.4 电梯的导向机构与对重

2.4.1 电梯的导向机构

1. 导向机构

为保证轿厢和对重在井道内以规定的规迹上下运动，电梯必须设置导向机构。此机构主要由导靴、导轨和支架组成。

导向系统在电梯运行过程中，限制轿厢和对重的活动自由度，使轿厢和对重只沿着各自的导轨做升降运动，不会发生横向的摆动和振动，保证轿厢和对重运行平稳不偏摆。电梯的导向系统包括轿厢导向和对重导向两个部分。

不论是轿厢导向还是对重导向均由导轨、导靴和导轨架组成，如图2-21、图2-22所示。

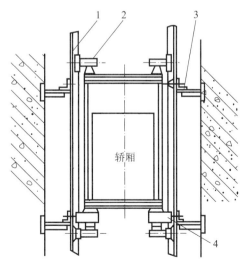

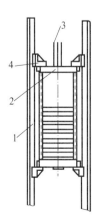

图2-21 轿厢导向系统
1—导轨；2—导靴；3—导轨支架；4—安全钳

图2-22 对重导向系统
1—导轨；2—对重；3—曳引绳；4—导靴

轿厢以两根（至少）导轨和对重导轨限定了轿厢与对重在井道中的相互位置；导轨架作为导轨的支撑件，被固定在井道壁上；导靴安装在轿厢和对重架的两侧（轿厢和对重各自装有至少4个导靴），导靴的靴衬（或滚轮）与导轨工作面配合，使一部电梯在曳引绳的牵引下，一边为轿厢，另一边为对重，分别沿着各自的导轨作上、下运行。

2. 导靴

导靴设置在轿厢和对重装置上，利用导靴内的靴衬（或滚轮）在导轨面上滑动（或滚动），使轿厢和对重沿导轨上下运动。

导靴设置在轿厢架和对重架的四个角端，两个在上端，两个在下端。导靴主要有以下两种结构类型。

1）滑动导靴

滑动导靴的靴衬在导轨上滑动，使轿厢和对重沿导轨运行的导向装置称为滑动导靴。滑动导靴常用于额定速度为 2.5 m/s 以下的电梯。滑动导靴按其靴头与靴座的相对位置固定与否分为固定滑动导靴和弹性滑动导靴。

固定滑动导靴一般用于载货电梯。货梯装卸货物时易产生偏载，使导靴受到较大的侧压力，要求导靴有足够的刚性和强度，固定式滑动导靴能满足此要求。这种滑动导靴一般由靴衬和靴座两部分组成，靴座通过铸造或焊接制成。靴衬常用摩擦系数低、耐磨性好、滑动性能好的尼龙或聚酯塑料制成。固定式滑动导靴的常用形式见图 2-23。

图 2-23　固定滑动导靴

由于固定式滑动导靴的靴头是固定的，导靴与导轨表面存在间隙。随着运行磨损这种间隙还将增大，使轿厢运行中易产生晃动，影响运行平稳性，因此这种导轨只用于额定速度不大于 0.63 m/s 的电梯上。

弹性滑动导靴均有可浮动的靴头。其靴衬在弹簧或橡胶垫的作用下可紧贴导轨表面，使轿厢在运行中保持与导轨的相对位置，又可吸收轿厢运行中的水平震动能量，使轿厢晃动减小。因此常用于速度不大于 2.5 m/s 的客梯上。常用的弹性滑动导靴见图 2-24。

图2-24 弹性滑动导靴

2）滚轮导靴

以三个滚轮代替滑动导靴的三个工作面，其滚轮沿导轨表面滚动的导向装置为滚轮导靴。滚轮导靴以滚动代替滑动，使导靴运行摩擦阻力大大减小，在高速运行时磨损量相应降低。滚轮的弹性支撑有良好的吸震性能，可改善乘用时的舒适感，滚轮导靴在干燥的导轨表面工作，导轨表面无油，可减小火灾危险。常用滚轮导靴见图2-25。

图2-25 滚轮导靴

3. 电梯导轨

1）导轨的作用

（1）导轨是轿厢和对重在竖直方向运动时的导向装置。

（2）限制轿厢和对重的活动自由度（轿厢运动导向和对重运动的导向使用各自的导轨），通常轿厢用导轨要稍大于对重用导轨。

（3）当安全钳动作时，导轨作为固定在井道内被夹持的支撑件，承受着轿厢或对重产生的强烈制动力, 使轿厢或对重制停可靠。

（4）防止由于轿厢的偏载而产生歪斜, 保证轿厢运行平稳并减少震动。

2）导轨的种类和标识

（1）导轨的横截面（断面）形状。一般钢质导轨常采用机械加工或冷轧加工方法制作, 其常见的导轨横截面形状如图2-26所示。

电梯中大量使用T形导轨（见图2-26（a）），但对于货梯对重导轨和额定速度为1 m/s以下的客梯对重导轨, 一般多采用L形导轨（见图2-26（b））。

如图2-26（c）～图2-26（e）所示为常用于速度低于0.63 m/s的电梯的导轨, 导轨表面一般不作机械加工。

图2-26（f）和图2-26（g）所示为冷轧成型的导轨。

（2）导轨的标识。T形导轨是电梯常见的专用导轨, 具有良好的抗弯性能及加工性能。T形导轨的主要参数是底宽b、高度h和工作面厚度k（见图2-27）, 我国原先用$b×k$作为导轨规格标识, 现已推广使用国际标准T形导轨作为标识, 共有13个规格, 以底面宽度和工作面加工方法作为规格标志。

有的国家是以导轨最终加工后每一米长度重量为多少千克作为规格区分, 如8 kg、13 kg导轨等。

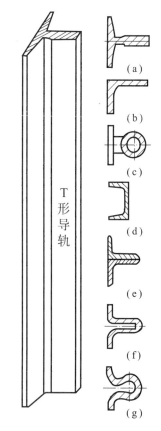

图2-26 导轨及横截面形状

导轨的主要作用是引导轿厢或对重运动的方向, 限制轿厢或对重在水平方向的移动; 在安全钳动作时, 导轨作为被夹持的支撑构件, 支撑轿厢和对重; 在轿厢因偏载而产生倾斜时, 限制其倾斜的量。

导轨定位方式应能以自动或简单调节方法来补偿建筑物正常下沉或混凝土收缩所造成的影响。应防止导轨附件的旋转而使导轨松脱。导轨固定不允许采用焊接固定。见图2-28。

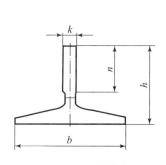

图2-27 T形导轨横截面形状

图2-28 电梯导轨

3）导轨支架

固定在井道壁或横梁上，用来支撑和固定导轨的构件称为导轨支架。导轨支架随电梯的品种、规格尺寸以及建筑的不同而变化。导轨支架有以下连接形式。

（1）直接埋入式：支架通过撑脚直接埋入预留孔中，其埋入深度一般不小于120 mm。

（2）焊接式：支架直接焊接在井道壁上的预埋铁上。

（3）对穿螺栓式：在井道壁厚度小于120 mm时，用螺栓穿透井道壁固定支架。

（4）膨胀螺栓固定式：在井道壁为混凝土结构或有足够多的混凝土横梁时，可采用电锤打孔后用膨胀螺栓固定支架。这种固定方式的工艺方法对固定效果影响很大。

2.4.2 电梯对重

1. 对重导向作业与原理

对重可以平衡（相对平衡）轿厢的重量和部分电梯负载重量，减少电动机功率的损耗。当电梯负载与对重十分匹配时，还可以减小钢丝绳与绳轮之间的曳引力，延长钢丝绳的寿命。

由于曳引式电梯有对重装置，如果轿厢或对重撞在缓冲器上后，电梯失去曳引条件，避免了冲顶事故的发生。曳引式电梯由于设置了对重，使电梯的提升高度不像强制式驱动电梯那样受到卷筒的限制，因而提升高度也大大提高。对重装置设置在井道中，由曳引绳经曳引轮与轿厢连接，在运行过程中起平衡作用。对重是曳引驱动不可缺少的重要组成部分。它能平衡轿厢的自重和部分电梯负载，减少电机功率损耗。

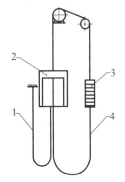

图2-29 重量平衡系统
1—随行电缆；2—轿厢；
3—对重；4—重量补偿装置

重量平衡系统的作用是使对重与轿厢能达到相对平衡，在电梯运行中即使载重量不断变化，仍能使两者间的重量差保持在较小限额之内，保证电梯的曳引传动平稳、正常。重量平衡系统一般由对重装置和重量补偿装置两部分组成，如图2-29所示。

对重（又称平衡重）相对于轿厢悬挂在曳引绳的另一侧，起到相对平衡轿厢的作用，并使轿厢与对重的重量通过曳引钢丝绳作用于曳引轮，保证足够的驱动力。由于轿厢的载重量是变化的，因此不可能做到两侧的重量始终相等并处于完全平衡状态。一般情况下，只有轿厢的载重量达到50%的额定载重量时，对重一侧和轿厢一侧才处于完全平衡，这时的载重量称为电梯的平衡点，此时由于曳引绳两端的静荷重相等，使电梯处于最佳的工作状态。但是在电梯运行中的大多数情况下，曳引绳两端的荷重是不相等且是变化的，因此对重的作用只能使两侧的荷重之差处于一个较小的范围内变化。

2. 对重重量值的确定

为了使对重装置能对轿厢起最佳的平衡作用，必须正确计算其重量。对重的重量值与电梯轿厢本身的净重和轿厢的额定载重量有关。一般在电梯满载和空载时，曳引钢丝绳两端的重量差值应为最小，以使曳引机组消耗功率少，钢丝绳也不易打滑。

对重装置过轻或过重，都会给电梯的调整工作造成困难，影响电梯的整机性能和使用效果，甚至造成冲顶或蹲底事故。

对重的总重量通常以下面基本公式计算。

对重的总重量为

$$W = G + KQ$$

式中：G——轿厢自重，kg；

Q——轿厢额定载重量，kg；

K——电梯平衡系数，为 $0.4 \sim 0.5$，以钢丝绳两端重量之差值最小为好。

平衡系数选择原则是：尽量使电梯接近最佳工作状态。

当电梯的对重装置和轿厢侧完全平衡时，只需克服各部分摩擦力就能运行，且电梯运行平稳，平层准确度高。因此对平衡系数 K 的选取，应尽量使电梯能经常处于接近平衡状态。对于经常处于轻载的电梯，K 可选为 $0.4 \sim 0.45$；对于经常处于重载的电梯，K 可取 0.5。这样有利于节省动力，延长机件的使用寿命。

例： 有一部客梯的额定载重量为 1 000 kg，轿厢净重为 1 000 kg，若平衡系数取 0.45，求对重装置的总重量。

解： 已知 $G = 1\,000$ kg，$Q = 1\,000$ kg，$K = 0.45$，代入上面的公式得：

$$W = G + KQ = (1\,000 + 0.45 \times 1\,000)\,\text{kg} = 1\,450\ \text{kg}$$

3. 对重的安装

对重由对重架、对重块、导靴、缓冲器撞板等组成。对重架通常用型钢作主体结构，其总高度一般不应大于轿架总高度。对重块可用金属制作或以钢筋混凝土整体充填；应采取有效的措施将其固定在金属框架内。见图 2 – 30。

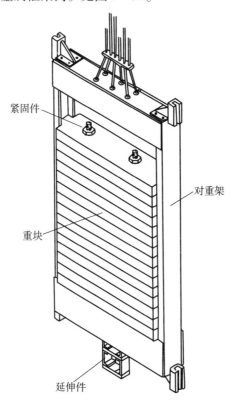

紧固件

对重架

重块

延伸件

图 2 – 30　电梯的对重结构

当曳引绕绳比大于l时，对重架上设有滑轮。此时滑轮上部应有防止杂物进入绳与绳槽间的护罩，还应有防止曳引绳脱槽的挡绳装置。在底坑下部存在人能到达的空间时，对重上还应设置安全钳。

缓冲器撞板设置在对重架下部，撞板下可设置多节撞块，当曳引绳在使用中伸长导致对重缓冲距小于规范要求时，可拆去撞块以补偿对重缓冲距的减小量。在电梯顶层高度和底坑深度有足够裕度时，连接撞块可由数节组成，这样可给维修人员带来很大方便。

┌┄┄┄┄┄┄┄┄┐
┆ **知识拓展** ┆
└┄┄┄┄┄┄┄┄┘

蒂森克虏伯 TWIN 双子电梯

双子电梯是两套电梯安装在一个电梯井道，互相独立地运行，零拥堵。两个轿厢可以同向行驶，也可以反向行驶，不会相撞也不会拥堵，安装同样的电梯数量最多可以减少大楼30%的电梯井道数量，是电梯中科技含量最高的电梯，电梯中的奢侈品。它的安全控制原理也用在空客380飞机和高铁等领域，安全性很高，比高铁的控制更复杂（好比可以在一条铁轨上相对行驶还不会相撞）。

蒂森克虏伯 TWIN 双子电梯使电梯井道面积缩小30%，从而增加了大楼的实用面积，这意味着能够减少电梯井道建设和电梯本身建设所需的材料，并且降低运行一台电梯系统所需的能量消耗，当然最终节省了建设费用和运行成本，并且更加环保。

TWIN 双子电梯使两个轿厢在同一个井道中独立运行，这种设计避免了传统双轿厢电梯的缺陷。TWIN 双子电梯可以服务于所有楼层，很少会出现一个轿厢空无一人且无人等待，而另一个轿厢不断载客的情况。

蒂森克虏伯的目的楼层选择系统（DSC）为这款创新性的电梯系统提供了控制和协调功能，乘客只需在候梯厅显示屏上按下按钮，便会被告知哪一台电梯可以最快将他们送往想要抵达的楼层。

思 考 题

1. 曳引装置由哪些部件组成？
2. 曳引减速器有哪些类型？
3. 制动器的作用是什么？
4. 常用电梯制动器的形式是什么？
5. 常用曳引轮槽形有哪两种？
6. 提高电梯曳引能力有哪些方法？
7. 电梯轿厢由哪些主要部件组成？对轿厢紧急报警装置和照明有何要求？
8. 护脚板的作用是什么？
9. 开门机的特点是什么？层门和轿门各有哪些基本要求？
10. 导靴有哪两种？其作用是什么？
11. 什么是导轨？其作用是什么？

12. 对重装置的平衡系数取值是多少？

13. 电梯常用钢丝绳结构有哪几种？

14. 怎样对曳引钢丝绳进行防护？

15. 安全钳分为哪两类？其作用是什么？

16. 限速器的作用是什么？

17. 限速器绳预张力的作用是什么？

18. 缓冲器有哪几种？其作用是什么？

19. 液压缓冲器的工作原理是什么？

20. 门锁的作用是什么？

21. 超载限制装置的作用是什么？

第 3 章

电梯的安全装置及保护系统

世界上第一部安全电梯

1854 年，在纽约水晶宫举行的世界博览会上，美国人伊莱沙·格雷夫斯·奥的斯第一次向世人展示了他的发明。他站在装满货物的升降梯平台上，命令助手将平台拉升到观众都能看得到的高度，然后发出信号，令助手用利斧砍断了升降梯的提拉缆绳。令人惊讶的是，升降梯并没有坠毁，而是牢牢地固定在半空中——奥的斯先生发明的升降梯安全装置发挥了作用。

"一切安全，先生们。"站在升降梯平台上的奥的斯先生向周围观看的人们挥手致意。谁也不会想到，这就是人类历史上第一部安全升降梯。在此之前电梯就已经出现了。但奥的斯设计了一种弹簧，把两个钢齿嵌到滑道的 V 型切口中以防缆绳断裂，这样他就造出了世界上第一部安全电梯。

奥的斯，"电梯发明者"，世界上最大的电梯公司，140 万台奥的斯电梯在 200 多个国家和地区运转，每三天运载全球人口一次。

3.1　电梯的安全保护系统

电梯是高层建筑中必不可少的垂直运输工具，其运行质量直接关系到人员的生命安全和货物的完好，所以电梯运行的安全性必须放在首位。为保障电梯的安全运行，从电梯设计、制造、安装及日常维保等各个环节都要充分考虑到防止危险发生，并针对各种可能发生的危险，设置专门的安全装置。根据《电梯制造与安装安全规范》（GB 7588—2003）中的规定，现代电梯必须设有完善的安全保护系统，包括一系列的机械安全装置和电气安全装置，以防止任何不安全情况的发生。在电梯的安全系统中，包括有高安全系数的曳引钢丝绳、限速器、安全钳、缓冲器、多道限位开关、防止超载系统及完善严格的开关门系统和安全保障。

电梯的安全，首先是对人员的保护，同时也要对电梯本身和所载物资以及安装电梯的建筑物进行保护。为了确保电梯运行中的安全，在设计时设置了多种机械、电气安全装置。超速保护装置——限速器、安全钳；超越行程的保护装置——强迫减速开关、终端限位开关（终端极限开关分别达到强迫减速、切断方向控制电路、切断动力输出（电源）的三级保护）；冲顶（蹲底）保护装置——缓冲器；门安全保护装置——层门门锁与轿门电气连锁及门防夹人的装置；轿厢超载保护装置及各种装置的状态检测保护装置——如限速器断绳开关、钢带断带开关和确保在功能完好的情况下电梯工作以及电气安全保护系统——供电系统保护、电机过载——过流装置及报警装置等。这些装置共同组成了电梯安全保护系统，以防止任何不安全的情况发生。同时，电梯的维护和使用必须随时注意，随时检查安全保护装置的状态是否正常有效，很多事故就是由于未能发现、检查到电梯状态不良和未能及时维护检修及不正确的使用造成的。所以司机必须了解并掌握电梯的工作原理，能及时发现隐患并正确合理地使用电梯。

3.1.1　电梯可能发生的事故和故障

1）轿厢失控、超速运行

当曳引机电磁制动器失灵，减速器中的轮齿、轴、销、键等折断，以及曳引绳在曳引轮绳槽中严重打滑等情况发生时，正常的制动手段已无法使电梯停止运动，轿厢失去控制，造成运行速度超过额定速度。

2）终端越位

由于平层控制电路出现故障，轿厢运行到顶层端站或底层端站时，未停车而继续运行或超出正常的平层位置。

3）冲顶或蹲底

当上终端限位装置失灵等，造成轿厢或对重冲向井道顶部，称为冲顶；当下终端限位装置失灵或电梯失控，造成电梯轿厢或对重跌落井道底坑，称为蹲底。

4）不安全运行

由于限速器失灵、层门和轿门不能关闭或关闭不严时电梯运行，轿厢超载运行，曳引电动机在缺相、错相等状态下运行等。

5）非正常停止

由于控制电路出现故障、安全钳误动作、制动器误动作或电梯停电等原因，都会造成在运行中的电梯突然停止。

6）关门障碍

电梯在关门过程中，门扇受到人或物体的阻碍，使门无法关闭。

3.1.2　电梯安全保护系统的组成

（1）超速（失控）保护装置：限速器、安全钳。

（2）超越上下极限工作位置保护装置：强迫减速开关、限位开关、极限开关，上述三个开关分别起到强迫减速、切断控制电路、切断动力电源三级保护。

（3）撞底（与冲顶）保护装置：缓冲器。

（4）层门、轿门门锁电气连锁装置：确保门不可靠关闭，电梯不能运行。

（5）近门安全保护装置：层门、轿门设置光电检测或超声波检测装置、门安全触板等；保证门在关闭过程中不会夹伤乘客或夹坏货物，关门受阻时，保持门处于开启状态。

（6）电梯不安全运行防止系统：轿厢超载控制装置、限速器断绳开关、安全钳误动作开关、轿顶安全窗和轿厢安全门开关等。

（7）供电系统断相、错相保护装置：相序保护继电器等。

（8）停电或电气系统发生故障时，轿厢慢速移动装置。

（9）报警装置：轿厢内与外联系的警铃、电话等。

除上述安全装置外，还会设置轿顶安全护栏、轿厢护脚板、底坑对重侧防护栏等设施。综上所述，电梯安全保护系统一般由机械安全装置和电气安全装置两大部分组成，但是机械安全装置往往也需要电气方面的配合和连锁，才能保证电梯运行安全可靠。

3.1.3 电梯安全保护装置的动作关联关系

由图3-1可知，当电梯出现紧急故障时，分布于电梯系统各部位的安全开关被触发，切断电梯控制电路，曳引机制动器动作，制停电梯。当电梯出现极端情况，如曳引绳断裂，轿厢将沿井道坠落，当到达限速器动作速度时，限速器会触发安全钳动作，将轿厢制停在导轨上。当轿厢超越顶、底层站时，首先触发强迫减速开关减速；如无效则触发限位开关使电梯控制线路动作将曳引机制停；若仍未使轿厢停止，则会采用机械方法强行切断电源，迫使曳引机断电并使制动器动作制停。当曳引钢丝绳在曳引轮上打滑时，轿厢速度超限会导致限速器动作触发安全钳，将轿厢制停；如果打滑后轿厢速度未达到限速器触发速度，最终轿厢将触及缓冲器减速制停。当轿厢超载并达到某一限度时，轿厢超载开关被触发，切断控制电路，导致电梯无法起动运行。当安全窗、安全门、层门或轿门未能可靠锁闭时，电梯控制电路无法接通，会导致电梯在运行中紧急停车或无法起动。当层门在关闭过程中，安全触板遇到阻力，则门机立即停止关门并反向开门，稍作延时后重新尝试关门动作，在门未可靠锁闭时电梯无法起动运行。

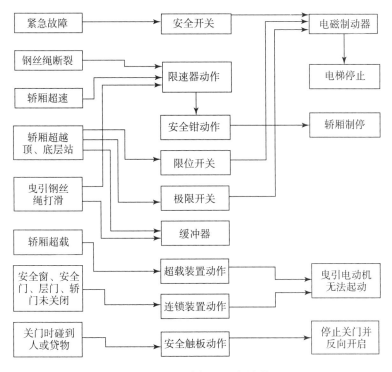

图3-1 电梯安全系统关联图

3.2 限速器

3.2.1 限速器的结构与原理

限速器是电梯安全运行中最为重要的安全装置之一,它随时监测控制着电梯的运行速度,当出现超速情况时,能及时发出信号,继而产生机械动作,切断控制电路或驱动安全钳(夹绳器)将轿厢强制制停或减速,限速器是指令发出者并非执行者。

控制轿厢超速的限速器触发速度和相关要求,在《电梯制造与安装安全规范》(GB 7588—2003)中有明确的规定:即该速度至少等于电梯额定速度的115%;限速器动作时,限速器绳的张力不得小于安全钳起作用所需力的两倍或300 N;限速器绳的最小破断载荷与限速器动作时产生的限速器绳张力安全系数应大于8,限速器绳公称直径不应小于6 mm;限速器绳必须配有张紧装置,且在张紧轮上装设导向装置。

限速器工作原理如图3-2所示。限速器装置由限速器、限速器绳及绳头、限速器绳张紧装置等组成;限速器一般安装在机房内,限速器绳绕过限速器绳轮后,穿过机房地板上开设的限速器绳孔,竖直穿过井道总高,一直延伸到装设于电梯底坑中的限速器绳张紧轮并形成回路;限速器绳绳头处连接到位于轿厢顶的连杆系统,并通过一系列安全钳操纵拉杆与安全钳相连;电梯正常运行时,电梯轿厢与限速器绳以相同的速度升降,两者之间无相对运动,限速器绳绕两个绳轮运转;当电梯出现超速并达到限速器设定值时,限速器中的夹绳装置动作,将限速器绳夹住,使其不能移动,但由于轿厢仍在运动,于是两者之间出现相对运动,限速器绳通过安全钳操纵拉杆拉动安全钳制动元件,安全钳制动元件则紧密地夹持住导轨,利用其间产生的摩擦力将轿厢制停在导轨上,保证电梯安全。

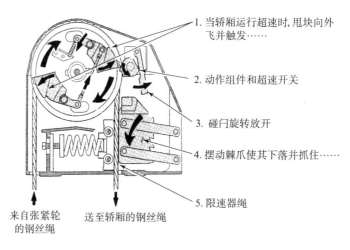

1. 当轿厢运行超速时,甩块向外飞并触发……

2. 动作组件和超速开关

3. 碰闩旋转放开

4. 摆动棘爪使其下落并抓住……

5. 限速器绳

来自张紧轮的钢丝绳　　送至轿厢的钢丝绳

图3-2　限速器工作原理

对于传统的电梯,都必须使用限速器来随时监测并控制轿厢的下行超速,但随着电梯的使用,人们发现轿厢上行超速并且冲顶的危险也确实存在,其原因是轿厢空载或极小载荷时,对重侧重量大于轿厢,一旦制动器失效或曳引机轴、键、销等折断,或由于曳引轮绳槽严重磨损导致曳引绳在其中打滑,于是轿厢上行超速就发生了。所以在国标《电梯的制造与安装规范》（GB 7588—2003）中规定，曳引驱动电梯应装设上行超速保护装置，该装置包括速度监控和减速元件，应能检测出上行轿厢的失控速度，当轿厢速度大于或等于电梯额定速度115%时，应能使轿厢制停，或至少使其速度下降至对重缓冲器的允许使用范围。该装置应该作用于轿厢、对重、钢丝绳系统（悬挂绳或补偿绳）或曳引轮上，当该装置动作时，应使电气安全装置动作或控制电路失电，电机停止运转，制动器动作。限速器通常分为单向限速器和双向限速器。见图 3 - 3、图 3 - 4。

图 3 - 3　单向限速器

图 3 - 4　双向限速器

3.2.2　限速器的运行条件

1. 操纵轿厢安全钳装置的限速器动作速度

操纵轿厢安全钳装置的限速器的动作应发生在速度至少等于额定速度的115%时，但应小于下列各值。

（1）对于除了不可脱落滚柱式以外的瞬时式安全钳装置为 0.8 m/s。

（2）对于不可脱落滚柱式安全钳装置为 1 m/s。

（3）对于额定速度小于或等于 1 m/s 的渐进式安全钳装置为 1.5 m/s。

（4）对于额定速度大于 1 m/s 的渐进式安全钳装置为 $1.25 \pm 0.25\,V$。

2. 动作速度的选择

对于额定速度大于 1 m/s 的电梯，建议选用上述示出的上限值的动作速度。对于额定载重量大，额定速度低的电梯，应专门为此设计限速器，并建议选用上述示出的下限值的动作速度。

3. 对重安全钳装置的限速器动作速度

对重安全钳装置的限速器的动作速度应大于轿厢安全钳装置的限速器动作速度，但不得超过 10%。

4. 限速器绳的张紧力

为了防止限速器绳在轮槽内打滑，使限速器能始终反映出电梯运行时的真实速度，并确保安全钳作用时动作可靠，限速器绳必须被张紧。限速器动作时，限速绳的张紧力不得小于以下两个值的较大者：①300 N；②安全钳装置起作用时所需力的两倍。

5. 限速器的方向标记

限速器上应标明与安全钳装置动作相应的旋转方向。

6. 限速绳

限速绳应选用柔性良好的钢丝绳，在安全钳装置作用期间，即使制动距离大于正常值时，限速绳及其附件也应保持完整无损。限速绳的安全系数应不小于8，公称直径应不小于6 mm，限速器绳轮的节圆直径与绳的公称直径之比应不小于30。

限速器绳由安装于底坑的张紧装置予以张紧，张紧装置的重量应使正常运行时钢丝绳在限速器绳轮的槽内不打滑，且悬挂的限速器绳不摆动。张紧装置应有上下活动的导向装置。限速器绳轮和张紧轮的节圆直径应不小于所用限速器绳直径的30倍。为了防止限速器绳断裂或过度松弛而使张紧装置丧失作用，在张紧装置上应有电气安全触点，当发生上述情况时能切断安全电路使电梯停止运行。

7. 限速器的响应时间

限速器动作前的响应时间应足够短，不允许在安全钳装置动作前达到危险速度。

8. 限速器可接近性

限速器在任何情况下，都应是完全可接近的。若限速器装于井道内，则应能从井道外面接近它。

9. 限速器动作速度的封定

限速器的动作速度整定后，其调节部位应加封记。

10. 限速器的电气安全装置

在轿厢上行或下行的速度达到限速器动作速度之前，限速器或其他装置上的一个符合规范要求的电气安全装置使电梯驱动主机停转，但是对于额定速度不大于1 m/s的电梯，电气安全装置动作允许较迟，具体规定如下。

（1）如果轿厢速度直到制动器作用瞬间仍与电源频率相关，则此电气安全装置最迟可在限速器达到其动作速度时起作用。

（2）如果电梯在可变电压或连续调速的情况下运行，则最迟当轿厢速度达到额定速度的115%时，此电气安全装置应动作。

如果安全钳装置释放后，限速器未能自动复位，则在限速器处于动作状态期间，这个符合规范要求的电气安全装置应阻止电梯的启动（通过紧急电动运行开关或另一个电气安全装置时例外）。

限速器动作后，应由专业人员使电梯恢复使用。

11. 限速绳的防断裂或松弛电气安全装置

为了确保限速绳始终在完好和张紧状况下运转，应借助一个符合规范要求的电气安全装置，在限速绳断裂或松弛时起作用，使电动机停止运转。

12. 限速器标牌

限速器上应有标牌。标牌上应标明限速器及电气保护开关（电气安全装置）的工作速度、动作速度、制造单位等内容。

13. 限速器动作速度的校验

对于没有限速器调试证书副本的新安装电梯和封记移动或动作出现异常的限速器及使用周期达到2年时，应进行限速器动作速度校验。

3.3 安全钳

电梯安全钳装置是在限速器的操纵下，当电梯出现超速、断绳等非常严重故障后，将轿厢紧急制停并夹持在导轨上的一种安全装置。它对电梯的安全运行提供有效的保护作用，一般将其安装在轿厢架或对重架上。随着轿厢上行超速保护要求的提出，现在双向安全钳也有较多的使用。见图3－5。

图3－5 电梯安全钳装置

3.3.1 安全钳的种类与结构特点

目前电梯用安全钳，按照其制动元件结构形式的不同可分为楔块型、偏心轮型和滚柱型三种；从制停减速度（制停距离）方面可分为瞬时式和渐进式安全钳。上述安全钳根据电梯额定速度和用途不同来区别选用。

1. 瞬时式安全钳

瞬时式安全钳也叫做刚性急停型安全钳，它的承载结构是刚性的，动作时产生很大的制停力，使轿厢立即停止。瞬时式安全钳的使用特点是：制停距离短，轿厢承受冲击严重，在制停过程中楔块或其他形式的卡块将迅速地卡入导轨表面，从而使轿厢瞬间停止。滚柱型瞬时安全钳的制停时间约在0.1 s；而双楔瞬时式安全钳的瞬时制停力最高时的区段只有约0.01 s，整个制停距离也只有几十毫米乃至几个毫米，轿厢最大制停减速度为5~10 g，甚至更大，而一般人员所能承受的瞬时减速度为2.5 g以下。由于上述特点，电梯及轿厢内的乘客或货物会受到非常剧烈的冲击，导致人员或货物损伤，因此瞬时式安全钳只能适用于额定速度不超过0.63 m/s的电梯（某些国家规定为0.75 m/s以下）。

瞬时式安全钳按照制动元件结构形式可分为楔块型、偏心轮型和滚柱型三种，如楔块型瞬时式安全钳，其结构原理如图3－6所示，安全钳座一般用铸钢制成

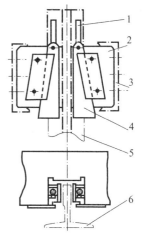

图3－6 楔块型瞬时式安全钳

1—拉杆；2—安全钳座；3—轿厢下梁；4—楔（钳）块；5—导轨；6—盖板

整体式结构，楔块用优质耐热钢制造，表面淬火使其有一定的硬度；为加大楔块与导轨工作面间的摩擦力，楔块工作面常制出齿状花纹。电梯正常运行时，楔块与导轨侧面保持2～3 mm的间隙，楔块装于钳座内，并与安全钳拉杆相连。在电梯正常工作时，由于拉杆弹簧的张力作用，楔块保持固定位置，与导轨侧工作面的间隙保持不变。当限速器动作时，通过传动装置将拉杆提起，楔块沿钳座斜面上行并与导轨工作面贴合楔紧，随着轿厢的继续下行，楔紧作用增大，此时安全钳的制停动作就已经和操纵机构无关了，最终将轿厢制停。

为了减小楔块与钳体之间的摩擦，一般可在它们之间设置表面经硬化处理的镀铬滚柱，当安全钳动作时，楔块在滚柱上相对钳体运动。见图3－7。

图3－7　瞬时式安全钳

2. 渐进式安全钳

渐进式安全钳又被称为滑移动作式安全钳，也叫做弹性滑移型安全钳。它能使制动力限制在一定范围内，并使轿厢在制停时有一定的滑移距离，它的制停力是有控制地逐渐增大或保持恒定值，使制停减速度不致很大。

渐进式安全钳与瞬时式安全钳之间的根本区别在于其安全钳制动开始之后，其制动力并非是刚性固定，而是增加了弹性元件，致使安全钳制动元件作用在导轨上的压力具有缓冲的余地，在一段较长的距离上制停轿厢，有效地使制动减速度减小，保证人员或货物的安全，渐进式安全钳均使用在额定速度大于0.63 m/s的各类电梯上。

楔块型渐进式安全钳其结构原理如图3－8所示，它与瞬时动作安全钳的根本区别在于钳座是弹性结构（弹簧装置），当楔块3被拉杆2提起，贴合在导轨上起制动作用，楔块3通过导向滚柱7将推力传递给导向楔块4，导向楔块后侧装设有弹性元件（弹簧），使楔块作用在导轨上的压力具有了一定的弹性，产生相对柔和的制停作用。增加了导向滚柱7可以减少动作时的摩擦力，使安全钳动作后容易复位。见图3－9。

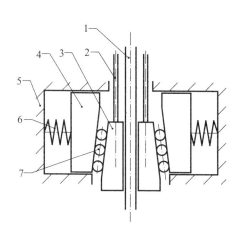

图 3-8 楔块型渐进式安全钳的结构
1—导轨；2—拉杆；3—楔块；4—导向楔块；
5—钳座；6—弹性元件；7—导向滚柱

图 3-9 双向渐进式安全钳

3.3.2 安全钳的使用条件及方法

1. 安全钳装置的使用范围

轿厢以及对重之下有人们能够达到的空间存在的对重装置。

2. 各类安全钳装置的使用条件

若电梯额定速度大于 0.63 m/s，轿厢应采用渐进式安全钳装置，若电梯额定速度小于或等于 0.63 m/s，轿厢可采用瞬时式安全钳装置。

若轿厢有数套安全钳装置，则应全部采用渐进式安全装置。

若电梯额定速度大于 1 m/s，对重安全钳装置应是渐进式，其他情况下可以采用瞬时式。

3. 安全钳装置的控制方法

图 3-8 所示，轿厢和对重安全钳装置的动作应由各自的限速器来控制（特殊情况若电梯额定速度小于或等于 1 m/s，对重安全钳装置可借助悬挂装置的断裂或借助一根安全绳来动作）。

禁止使用电气、液压或气压操纵装置来操纵安全钳装置。

4. 安全钳制动时的减速度

在装有额定载重量的轿厢自由下落时，渐进式安全钳装置制动时的平均减速度应在 0.2~1.0 m/s^2 之间。

5. 安全钳动作后的释放

只有将轿厢（或对重）提起，才有可能使轿厢（或对重）上的安全钳装置释放，安全钳装置经释放后应处于正常操纵状态，经过专业人员调整后，电梯才能恢复使用。

6. 安全钳装置的结构要求

禁止安全钳充当导靴使用。

7. 安全钳装置作用时轿厢地板的允许倾斜度

在载荷（如果有的话）均匀分布的情况下，安全钳装置动作后轿厢地板的倾斜度应不得大于其正常位置的5%。

8. 安全钳装置上的电气安全装置

当轿厢安全钳装置作用时，其电气安全装置应在安全钳装置动作之前或同时，使电动机停转。该电气安全装置应符合规范要求。

3.4 缓冲器

缓冲器安装在井道底坑内，要求其安装牢固可靠，承载冲击能力强，缓冲器应与地面垂直并正对轿厢（或对重）下侧的缓冲板。缓冲器是一种吸收、消耗运动轿厢或对重的能量，使其减速并停止，并对其提供最后一道安全保护的电梯安全装置。

电梯在运行中，由于安全钳失效、曳引轮槽摩擦力不足、抱闸制动力不足、曳引机出现机械故障、控制系统失灵等原因，轿厢（或对重）超越终端层站（底层），并以较高的速度撞向缓冲器，由缓冲器起到缓冲作用，以避免电梯轿厢（或对重）直接撞底或冲顶，保护乘客或运送货物及电梯设备的安全。

当轿厢或对重失控竖直下落，具有相当大的动能，为尽可能减少和避免损失，就必须吸收和消耗轿厢（或对重）的能量，使其安全、减速平稳地停止在底坑。所以缓冲器的原理就是使轿厢（对重）的动能、势能转化为一种无害或安全的能量形式。采用缓冲器将使运动着的轿厢或对重在一定的缓冲行程或时间内逐渐减速停止。

3.4.1 缓冲器的作用及运行条件

缓冲器是电梯端站保护的最后一道安全装置。当电梯由于某种原因失去控制冲击缓冲器时，缓冲器能逐步吸收轿厢或对重对其施加的动能，迅速降低轿厢或对重的速度，直到停住，最终达到避免或减轻冲击可能造成的危害。

1. 缓冲器的设置位置

缓冲器应设置在轿厢和对重行程底部的极限位置。

如果缓冲器随轿厢和对重运行，则在行程末端应设有与其相撞的支座，支座高度至少为0.5 m（对重缓冲器在特殊情况下除外）。

2. 缓冲器的适用范围

蓄能型缓冲器仅用于额定速度小于或等于1 m/s的电梯；耗能型缓冲器可用于任何额定速度的电梯。

3. 缓冲器的行程

蓄能型缓冲器可能的总行程应至少等于相应于115%额定速度的重力制停距离的两倍，即 $0.0674v^2 \times 2 \approx 0.135v^2$（m）。但无论如何此行程不得小于65 mm。

耗能型缓冲器可能的总行程应至少等于相应于115%额定速度的重力制停距离，即 $0.067v^2$（m）。若电梯在其行程末端的减速受到监控时，在计算耗能型缓冲器的行程时，可采用轿厢（对重）与缓冲器刚接触时的速度取代额定速度，但是行程应遵守以下原则。

（1）当额定速度小于或等于 4 m/s 时，行程为 $1 \times 0.067v^2/2$（m）。

（2）当额定速度大于 4 m/s 时，行程为 $1 \times 0.067v^2/3$（m）。

但任何情况下，该行程应不小于 0.42 m。

4. 耗能型缓冲器作用期间的平均减速度

当装有额定载重量的轿厢自由下落时，缓冲器作用期间的平均减速度应不大于 g_n。$2.5g_n$ 以上的减速度时间应不大于 0.04 s（所考虑的对缓冲器的冲击速度应等于用于计算缓冲器行程的速度）。

5. 耗能型缓冲器的电气安全装置

耗能型缓冲器应设符合规范要求的电气安全装置，以检查缓冲器的正常复位，保证在缓冲器动作后回复至其正常伸长位置后电梯才能运行。

3.4.2　缓冲器的类型

缓冲器按照其工作原理不同，可分为蓄能型和耗能型两种。

1. 蓄能型缓冲器

此类缓冲器又称为弹簧式缓冲器，当缓冲器受到轿厢（对重）的冲击后，利用弹簧的变形吸收轿厢（对重）的动能，并储存于弹簧内部；当弹簧被压缩到最大变形量后，弹簧会将此能量释放出来，对轿厢（对重）产生反弹，此反弹会反复进行，直至能量耗尽，弹力消失，轿厢（对重）才完全静止。

弹簧缓冲器（见图 3-10）一般由缓冲橡胶、上缓冲座、弹簧、弹簧座等组成，用地脚螺栓固定在底坑基座上。

为了适应大吨位轿厢，压缩弹簧由组合弹簧叠合而成。行程高度较大的弹簧缓冲器，为了增强弹簧的稳定性，在弹簧下部设有导管（见图 3-11）或在弹簧中设导向杆。

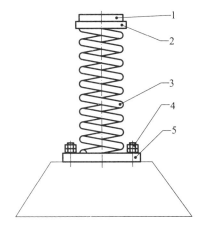

图 3-10　弹簧缓冲器

1—缓冲橡胶；2—上缓冲座；3—缓冲弹簧；
4—地脚螺栓；5—弹簧座

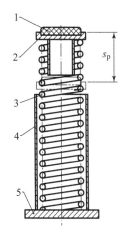

图 3-11　带导套弹簧缓冲器

1—缓冲橡胶；2—上缓冲座；3—弹簧；
4—外导管；5—弹簧座

弹簧缓冲器的特点是缓冲后有回弹现象，存在着缓冲不平稳的缺点，所以弹簧缓冲器仅适用于额定速度小于 1 m/s 的低速电梯。

近年来，人们为了克服弹簧缓冲器容易生锈腐蚀等缺陷，开发出了聚氨酯缓冲器。聚氨酯缓冲器是一种新型缓冲器，具有体积小，重量轻，软碰撞无噪声，防水、防腐、耐油，安装方便，易保养，好维护，可减少底坑深度等特点，近年来在中低速电梯中得到应用，见图 3 - 12。

2. 耗能型缓冲器

耗能型缓冲器又被称为油（液）压缓冲器，常用的耗能型缓冲器的结构如图 3 - 13 所示。

图 3 - 12　聚氨酯缓冲器

图 3 - 13　耗能型缓冲器

1）油压缓冲器结构

当油压缓冲器受到轿厢和对重的冲击时，柱塞向下运动，压缩缸体内的油，油通过环形节流孔喷向柱塞腔。当油通过环形节流孔时，由于流动截面积突然减小，就会形成涡流，使液体内的质点相互撞击、摩擦，将动能转化为热量散发掉，从而消耗了轿厢或对重的能量，使轿厢或对重逐渐缓慢地停下来。

因此油压缓冲器是一种耗能型缓冲器，它是利用液体流动的阻尼作用，缓冲轿厢或对重的冲击。当轿厢或对重离开缓冲器时，柱塞在复位弹簧的作用下，向上复位，油重新流回油缸，恢复正常状态。

由于油压缓冲器是以消耗能量的方式进行缓冲的，因此无回弹作用，同时由于变量棒的作用，柱塞在下压时，环形节流孔的截面积逐步变小，能使电梯的缓冲接近匀减速运动。因而，油压缓冲器具有缓冲平稳，有良好的缓冲性能的优点。在使用条件相同的情况下，油压缓冲器所需的行程可以比弹簧缓冲器减少一半，所以油压缓冲器适用于快速和高速电梯。

2）油压缓冲器的分类及工作原理

常用的油压缓冲器有油孔柱式油压缓冲器（见图 3 - 14）、多孔式油压缓冲器及多槽式油压缓冲器等。

以上三种油压缓冲器的结构虽有所不同，但基本原理相同。即当轿厢（对重）撞击缓冲器时，柱塞向下运动，压缩油缸内的油，使油通过节流孔外溢并升温，在制停轿厢（对重）的过程中，其动能转化为油的热能，使轿厢（对重）以一定的减速度逐渐停下来。当轿厢或对重离开缓冲器时，柱塞在复位弹簧的作用下复位，恢复正常状态。

（1）油孔柱式油压缓冲器的工作原理：该缓冲器内压缸的侧面有多个油孔，能给活塞杆提供一个固定大小的缓冲力，达到线性减速，能用最小力量将运动物体平稳安静地停止下来。

（2）多孔式油压缓冲器工作原理：多孔式油压缓冲器分为缸体内壁溢流和柱塞油孔溢流两种。

（3）多槽式油压缓冲器工作原理：在柱塞上有一组长短不一的泄油槽，在缓冲过程中油槽依次被挡住，即泄油通道面积逐渐减少，由此产生足够的油压，从而使轿厢（对重）减速。当提起轿厢使缓冲器卸载时，复位弹簧使柱塞回到正常位置，

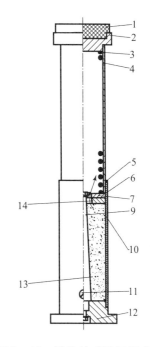

图 3 - 14　油孔柱式油压缓冲器

1—橡胶垫；2—压盖；3—复位弹簧；
4—柱塞；5—密封盖；6—油缸套；
7—弹簧托座；9—变量棒；10—缸体；
11—放油口；12—油缸座；13—缓冲
器油；14—环形节流孔

这样，油经溢流孔从油腔重新流回油缸，活塞自动回复到原位置。这种缓冲器，由于要在柱塞上加工油槽，其工艺比加工孔要复杂，所以较少使用。

3.4.3　缓冲器的数量

缓冲器使用的数量，要根据电梯额定速度和额定载重量确定。一般电梯会设置三个缓冲器，即轿厢下设置两个缓冲器，对重下设置一个缓冲器。

3.5　终端限位保护装置

终端限位保护装置的功能就是防止由于电梯电气系统失灵，轿厢到达顶层或底层后仍继续行驶（冲顶或蹲底），造成超限运行的事故。此类限位保护装置主要由强迫减速开关、终端限位开关、终端极限开关等三个开关及相应的碰板、碰轮和联动机构组成（见图 3 - 15）。

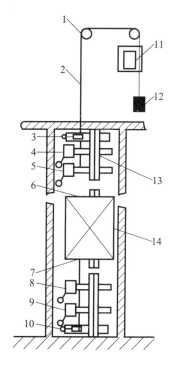

图 3 –15　终端超越保护装置

1—导轨；2—钢丝绳；3—极限开关上碰轮；4—上限位开关；5—上强迫减速开关；
6—上开关打板；7—下开关打板；8—下强迫减速开关；9—下限位开关；10—极限
开关下碰轮；11—终端极限开关；12—张紧配重；13—导轨；14—轿厢

3.5.1　强迫减速开关

1. 一般强迫减速开关

强迫减速开关是电梯失控防止造成冲顶或蹲底时的第一道防线。强迫减速开关由上下两个开关组成，一般安装在井道的顶部和底部。当电梯失控，轿厢已到顶层或底层，而不能减速停车时，装在轿厢上的碰板与强迫减速开关的碰轮相接触，使触点发出指令信号，迫使电梯减速停驶。

2. 快速梯和高速梯用的端站强迫减速开关

此装置包括分别固定在轿厢导轨上下端站处的打板以及固定在轿厢顶上，且具有多组触点的特制开关装置，开关装置部分如图 3 –16 所示。

电梯运行时，设置在轿顶上的开关装置跟随轿厢上下运行，达到上下端站楼面之前，开关装置的橡皮滚轮左、右碰撞固定在轿厢导轨上的打板，橡皮滚轮通过传动机构分别推动预定触点组依次切断相应的控制电路，强迫电梯到达端站楼面之前提前减速，在超越端站楼面一定距离时就立即停靠。

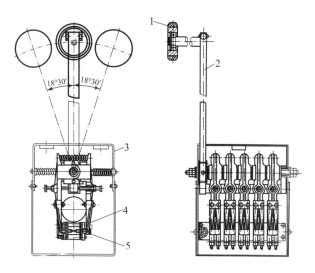

图 3-16 端站强迫减速开关装置
1—橡胶滚轮；2—连杆；3—盒；4—动触点；5—定触点

3.5.2 终端限位开关

终端限位开关由上、下两个开关组成，一般是分别安装在井道顶部和底部，在强迫减速开关之后，是电梯失控的第二道防线。当强迫减速开关未能使电梯减速停驶，轿厢越出顶层或底层位置后，上限位开关或下限位开关动作，切断控制线路，使曳引机断电并使制动器动作，迫使电梯停止运行。

3.5.3 终端极限开关

1. 机械电气式终端极限开关

机械电气式终端极限开关是在强迫减速开关和终端限位开关失去作用时，控制轿厢上行（或下行）的主接触器失电后仍不能释放时（例如，接触器触点熔焊粘连、线圈铁心被油污粘住、衔铁或机械部分被卡死等），切断电梯供电电源，使曳引机停车并使制动器制动。是当轿厢地坎超越上、下端站地坎 200 mm，轿厢或对重接触缓冲器之前，装在轿厢上的碰板与装在井道上、下端的上碰轮或下碰轮接触，牵动与装在机房墙上的极限开关相连的钢丝绳，使只有人工才能复位的极限开关动作，切断除照明和报警装置电源外的总电源。

终端限位保护装置动作后，应由专职的维修保养人员检查，排除故障后，方可投入运行。

极限开关常用机械力切断电梯总电源的方法使电梯停驶。

2. 电气式终端极限开关

电气式终端极限开关采用与强迫减速开关和终端限位开关相同的限位开关，设置在终端限位开关之后的井道顶部或底部，用支架板固定在导轨上。当轿厢地坎超越上、下端站 20 mm，且轿厢或对重接触缓冲器之前动作。其动作是由装在轿厢上的碰板触动限位开关，切断安全回路电源或断开上行（或下行）主接触器，使曳引机停止转动，轿厢停止运行。

3.5.4 层门门锁

层门门锁如图 3-17 所示是确保层门能真正起到使层站与井道隔离,防止人员坠入井道或剪切而造成伤害的极其重要的一个安全装置。为此国家规范对它提出了严格的要求。

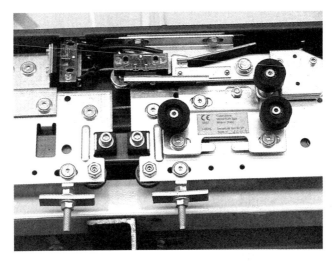

图 3-17 层门门锁

1. 对坠落危险的保护要求

在正常运行时,应不可能打开层门(或多扇层门中的任何一扇),除非轿厢停站或停在该层的开锁区域内(开锁区域不得大于层站地平面上下 0.2 m。用机械操纵轿门和层门同时动作的电梯,开锁区域可增加到不大于层门地面上、下 0.35 m)。

2. 对剪切危险的保护要求

如果一扇层门(或多扇层门中的任何一扇门)开着,在正常操作情况下,应不可能启动电梯,也不可能使它保持运行,只能进行为轿厢运行作准备的预备操作(符合规范要求的特殊情况,如在开锁区域内的平层或再平层例外)。

3. 锁紧要求

轿厢只能在层门门锁锁紧元件啮合不小于 7 mm 时才能启动。切断电路的触点元件与机械锁紧装置之间的连接应是直接的和防止误动作的,必要时可以调节。锁紧元件应是耐冲击的金属制造或加固的。锁紧元件的啮合应能满足在朝着开门方向力的作用下,不降低锁住强度(沿着开门方向,在门锁高度处施以最小为 1 000 N 的力,门锁应无永久性变形)。层门门锁应由重力、永久磁铁或弹簧来保持其锁紧动作,即使永久磁铁或弹簧失效,重力亦不应导致开锁。若用弹簧来保持其锁紧,弹簧应在压缩状态下工作并有导向,其尺寸应保证在开锁时,弹簧圈应不会被并圈。如锁紧元件是通过永久磁铁的作用保持其适当位置,则它不应被一种简单的方法(如加热或冲击)使其失效。锁紧装置应有保护措施防止积尘,工作部件应易于检查,例如采用一块可以观察的透明板。当门锁触点放在盒中时,盒盖的螺钉应是不脱出式的,这样可以在打开盒盖时螺钉仍能留在盒内或盖的孔中。

4. 紧急开锁要求

每个层门均应设紧急开锁装置,在一次紧急开锁以后,当无开锁动作时,锁闭装置在层门闭合下，不应保持开锁位置。开启紧急开锁的钥匙只能交给一个负责人员。钥匙应带有书面说明，评述必须采用的预防措施，以防开锁后未能重新锁上而可能引起事故。

在轿门驱动层门的情况下，当轿厢位于开锁区域以外时，若层门无论因何种原因而开启，一种层门自闭装置（可以利用重块或弹簧）应确保层门立即自动关闭。

5. 关于机械连接的多扇门组成的水平滑动门的要求

当水平滑动门由几个用直接机械连接的门扇组成，允许只锁紧其中的一扇门，只要这个单独锁紧的门扇能防止其他门扇的开启并将能验证层门闭合的符合规范要求的电气安全装置装在一个门扇上。

当门扇是由间接机械连接时（如用钢丝绳、链条或皮带），这种连接机构应能承受任何正常情况下能预计的力，应精心制造并定期检查。也允许只锁住一扇门，只要这个单独锁住的门扇能防止其他门扇（应均未安装手柄）的开启，未被锁住的其他门扇应安装一个验证其关闭位置符合规范要求的电气安全装置。

6. 自动操纵门的关闭要求

正常使用中，在经过一段必要的时间后仍未得到轿厢运行的指令，自动操纵层门应关闭。这段时间的长短可以根据使用电梯的客流量而定。

关门时，门刀向右推动滚轮带动层门移动，接近闭合位置时，关门碰轮被挡块挡住作逆时针翻转，带动滚轮座翻转复位，使动滚轮脱离门刀，锁臂在弹簧力作用下与锁钩啮合，导电片接通开关，使电梯控制电路接通。

为在紧急状态时能从层门外开锁，每个层门均应有一个紧急开锁装置，以便于在必要时从层站外打开层门。

3.5.5 超载限制装置

超载限制装置是一种设置在轿底、轿顶或机房，当轿厢超过额定负载时，能发出警告信号并使轿厢不能运行的安全装置。

设置超载限制装置是为防止轿厢超载引起机械构件损坏及因超载而可能造成的溜车下滑事故。

超载限制装置有机械式、橡胶块式、负载传感器式等类型。

机械式超载限制装置类似于一个磅秤。当轿厢超载时平衡杆触动相关的开关发出信号，同时切断电梯运行控制回路。其结构较笨重。

橡胶块式超载限制装置的作用原理是利用橡胶块受力后的变形来控制相应的开关。其结构简单，减震性好，但易老化失效。

负载传感器是一种连续测量载荷的装置，它不但能防止超载，还能测量轿厢内的负载量来供电梯拖运系统选择制动运行力矩曲线，以及计算电梯负载的变化，使电梯达到合理的调度运行。

3.6 其他安全防护装置

电梯安全保护系统中所配备的安全保护装置一般由机械安全保护装置和电气安全保护

装置两大部分组成，但是有一些机械安全保护装置往往需要和电气部分的功能配合，构成连锁装置才能实现其动作和功效的可靠性。

3.6.1 轿厢顶部安全窗

安全窗是设在轿厢顶部的只能向外开的窗口。当轿厢因故障停在楼房两层中间时，司机可通过安全窗到达轿顶，再设法打开层门，维修人员在处理故障时也可利用安全窗。安全窗打开时，装于门上的触点断开，切断控制电路，此时电梯不能运行。由于控制电源被切断，可防止维修人员出入轿厢窗口时因电梯突然起动而造成人身伤害事故。当出入安全窗时还必须先将电梯急停开关按下（如果有的话）或用钥匙将控制电源切断。为了安全，电梯司机不到紧急情况不要从安全窗出入，更不要让乘客出入，因安全窗窗口较小，且离地面有两米多高，上下很不方便，停电时，轿顶很黑，又有各种装置，易发生人身伤害事故，加之部分电梯轿顶未设置护栏，很不安全。

3.6.2 电梯急停开关

急停开关也称安全开关，是串接在电梯控制线路中的一种不能自动复位的手动开关。当遇到紧急情况或在轿顶、底坑、机房等处检修电梯时，为防止电梯的起动、运行，将开关关闭，切断控制电源以保证安全。

急停开关分别设置在轿厢内操纵箱上、轿顶操纵盒上、底坑内和机房控制柜壁上，有的电梯轿厢内操纵箱上不设此开关。

3.6.3 可切断电梯电源的主开关

每部电梯在机房中都应装设一个能切断该电梯电源的主开关，并具有切断电梯正常行驶的最大电流的能力，如有多部电梯还应对各个主开关进行相应的编号。注意，主开关切断电源时不包括轿厢内、轿顶、机房和井道的照明、通风以及必须设置的电源插座等的供电电路。

3.6.4 轿顶护栏

轿顶护栏是电梯维修人员在轿顶作业时的安全保护栏。有护栏可以防止维修人员不慎坠落井道。就实践经验来看，设置护栏时应注意使护栏外围与井道内的其他设施（特别是对重）保持一定的安全距离，做到既可防止人员从轿顶坠落，又避免因扶、倚护栏造成人身伤害事故。在维修人员安全工作守则中可以写入"站在行驶中的轿顶上时，应站稳扶牢，不倚、靠护栏"，和"与轿厢相对运动的对重及井道内其他设施保持安全距离"字样，以提醒维修作业人员重视安全。

3.6.5 底坑对重侧护栅

为防止人员进入底坑对重下侧而发生危险，在底坑对重下侧两导轨间应设防护栅，防护栅高度为 0.7 m 以上，在距地 0.5 m 处装设。宽度不小于对重导轨两外侧之间距，防护网空格或穿孔尺寸，无论水平方向或垂直方向测量，均不得大于 75 mm。

3.6.6 轿厢护脚板

轿厢不平层，当轿厢地面（地坎）的位置高于层站地面时，会使轿厢与层门地坎之间产生间隙，这个间隙会使乘客的脚踏入井道，而发生人身伤害。为此，国家标准规定，每一轿厢地坎上均需装设护脚板，其宽度是层站入口处的整个净宽。护脚板的垂直部分的高度应不少于 0.75 m。垂直部分以下部分成斜面向下延伸，斜面与水平面的夹角大于 60°，该斜面在水平面上的投影深度不小于 20 mm。护脚板用 2 mm 厚铁板制成，装于轿厢地坎下侧且用扁铁支撑，以加强机械强度。

3.6.7 制动器扳手与盘车手轮

当电梯运行当中遇到突然停电造成电梯停止运行时，电梯又没有停电自投运行设备，且轿厢又停在两层门之间，乘客无法走出轿厢，就需要由维修人员到机房用制动器扳手和盘车手轮两件工具人工操纵使轿厢就近停靠，以便疏导乘客。制动器扳手的式样，因电梯抱闸装置的不同而不同，作用都是用它使制动器的抱闸脱开。盘车手轮是用来转动电动机主轴的轮状工具（有的电梯装有惯性轮，亦可操纵电动机转动）。操作时首先应切断电源，由两人操作，即一人操作制动器扳手，一人盘动手轮。两人需配合好，以免因制动器的抱闸被打开而未能把住手轮致使电梯因对重的重量而造成轿厢快速行驶。一人打开抱闸，一人慢速转动手轮使轿厢向上移动，当轿厢移到接近平层位置时即可。制动器扳手和盘车手轮平时应放在明显位置并应涂以醒目的红漆。

3.6.8 超速保护开关

在速度大于 1 m/s 的电梯限速器上都设有超速保护开关，在限速器的机械动作之前，此开关就应动作，切断控制回路，使电梯停止运行。有的限速器上安装两个超速保护开关，第一个开关动作使电梯自动减速，第二个开关才切断控制回路。对速度不大于 1 m/s 的电梯，其限速器上的电气安全开关最迟在限速器达到其动作速度时起作用。

3.6.9 曳引电动机的过载保护

电梯使用的电动机容量一般比较大，从几千瓦至十几千瓦。为了防止电动机过载后被烧毁而设置了热继电器过载保护装置。电梯电路中常采用的 JRO 系列热继电器是一种双金属片热继电器。两只热继电器的热元件分别接在曳引电动机快速和慢速的主电路中，当电动机过载超过一定时间，即电动机的电流大于额定电流，热继电器中的双金属片经过一定时间后变形，从而断开串接在安全保护回路中的接点，保护电动机不因长期过载而烧毁。

现在也有将热敏电阻埋藏在电动机的绕组中，即当过载发热引起阻值变化，经放大器放大使微型继电器吸合，断开其接在安全回路中的触头，从而切断控制回路，强令电梯停止运行。

3.6.10 电梯控制系统中的短路保护

一般短路保护，是由不同容量的熔断器来完成。熔断器是利用低熔点、高电阻金属不能承受过大电流的特点，使它熔断，从而就切断了电源，对电气设备起到保护作用。极限开关的熔断器为 RCIA 型插入式，熔体为软铅丝，片状或棍状。电梯电路中还采用了 RLI 系列蜗旋式熔断器和 RLS 系列螺旋式快速熔断器，用以保护半导体整流器件。

3.6.11 供电系统相序和断（缺）相保护

当供电系统因某种原因造成三相动力线的相序与原相序有所不同，有可能使电梯原定的运行方向改变，它给电梯运行造成极大的危险性。同时电动机在电源缺相下不正常运转可能导致电动机烧损。

电梯电气线路中采用相序继电器,当线路错相或断相时,相序继电器切断控制电路,使电梯不能运行。

但是,近几年由于电力电子器件和交流传动技术的发展,电梯的主驱动系统应用晶闸管直接供电给直流曳引电动机,以大功率器件 IGBT 为主体的交 – 直 – 交变频技术在交流调速电梯系统(VVVF)中的应用,使电梯系统工作与电源的相序无关。

3.6.12 主电路方向接触器连锁装置

1. 电气连锁装置

交流双速及交调电梯运行方向的改变是通过主电路中的两只方向接触器,改变供电相序来实现的。如果两接触器同时吸合,则会造成电气线路的短路。为防止短路故障,在方向接触器上设置了电气连锁,即上方向接触器的控制回路是经过下方向接触器的辅助常闭触点来完成的。下方向接触器的控制电路受到上方向接触器辅助常闭触点控制。只有下方向接触器处于失电状态时,上方向接触器才能吸合,而下方向接触的吸合必须是上方向接触器处于失电状态。这样上下方向接触器形成电气连锁。

2. 机械连锁式装置

为防止上下方向接触器电气连锁失灵,造成短路事故,在上下方向接触器之间,设有机械互锁装置。当上方向接触器吸合时,由于机械作用,限制住下方向接触器的机械部分不能动作,使接触器触点不能闭合。当下方向接触器吸合时,上方向接触器触点也不能闭合,从而达到机械连锁的目的。

┌┄┄┄┄┄┄┐
┊ **知识拓展** ┊
└┄┄┄┄┄┄┘

电梯远程监视管理系统

电梯远程监视管理系统是采用传感器采集电梯运行数据,通过微处理器进行非常态数据分析,经由 GPRS 网络传输,公用电话线传输,局域网传输与 485 通讯传输多种方式实现电梯故障报警、困人救援、日常管理、质量评估、隐患防范等功能的综合性电梯管理平台。GPRS 为无线网络,设备连接网络方便快捷,能极大地减轻设备网络架设工作强度。电梯远程监视管理系统主要包括:

(1)电梯故障信息采集分析仪(以下简称:采集分析仪):用于采集安装在电梯轿厢顶部各种传感器的信号,分析电梯的当前运行状态。

(2)数据传输中继器(以下简称:中继器):数据通信的中转设备,用于监控中心管理软件系统与电梯采集分析仪之间的数据交换。

(3)安装在轿厢顶部的各种传感器:包括平层及方向感应器、门开关感应器、红外人体感应器、基站感应器、上极限感应器、下极限感应器,用于采集电梯的信号。

(4)电梯维保信息屏(轿厢机):安装于电梯轿厢内部。显示电梯运行的楼层、方向、电梯铭牌、维保单位等信息。接收维保人员的刷卡信息,从而对维保人员维保电梯的情况进行监察和记录。接收电梯检验人员的刷卡信息,对电梯检验人员的电梯检验工作进行监督。可通过设置播放音、视频多媒体、文字等广告文件并可通过 U 盘或 GPRS 网络更新。当电梯发生故障时，播放安抚语音告知乘客电梯的当前状态，以及正确的处理方法。从而避免因乘客的错误操作造成事故。当电梯发生故障时，通过无线网络自动打开与电梯维保信息屏（门厅机）的双向视频、语音对讲。通过双向视频对讲，轿厢内被困乘客能够与外部人员取得联系。同时对电梯轿厢内进行音、视频录像。

（5）电梯维保信息屏（门厅机）：安装于电梯间。通过设置播放音、视频多媒体、文字等广告文件并可通过 U 盘或 GPRS 网络更新。

当电梯发生故障时，电梯维保信息屏（轿厢机）通过无线网络打开双向视频、语音对讲，从而与轿厢内被困乘客取得联系。为处理电梯故障、营救被困乘客提供帮助。

思 考 题

1. 安全钳分为哪两类？其作用是什么？
2. 限速器的作用是什么？
3. 限速器绳预张力的作用是什么？
4. 缓冲器有哪儿种？其作用是什么？
5. 液压缓冲器的作用原理是什么？
6. 门锁的作用是什么？
7. 超载限制装置的作用是什么？

第 4 章

电梯的动力拖动与电气控制

奥的斯"新型能源再生科技"让电梯成为节能新亮点

全球最大的电梯生产商和服务商——奥的斯(OTIS)电梯公司近日宣布，将首次在中国推出其最新技术成果"新型电梯能源再生科技"。该技术可将电梯运行中所耗费的30%~70%的电能收集，并重新输入电网再利用。作为电梯产业又一革命性突破——造能，节能，重复利用能源，节约电费，实用性高，是奥的斯"新型能源再生科技"的最大贡献。

电梯依靠对重平衡系统，在人少、空载上行以及满载下行的情况下是不需要耗电的，但马达仍然需要旋转并产生电能。过去，由于技术限制，这部分产生的电能以热能形式消耗掉了。奥的斯"新型能源再生科技"可将这部分电能(30%~70%)收集起来，以"清洁电能"的形式反馈给同楼宇的电网。此项技术不仅能为终端使用者节省30%~70%的电费，而且减少了废热的产生，改善了大楼的环境。

奥的斯研发人员在经过了一系列测试和模拟试验后证实：能量的收集、电费的节省程度与大楼的高度和电梯的使用频率相关，也就是说电梯运行楼层越高、使用越频繁，则"造"能越多。

以一栋商务写字楼为例，安装两部电梯，如一天24小时连续运转，耗电300度。按商用电每度0.918元计算，这栋商务写字楼的年用电费用就达10万元左右。而如果采用了"电梯能源再生科技"，同样两部电梯一年可节约电费最多可达约7万元。

高效抑制高次谐波是该技术的另一大亮点，它将收集到的电能转化为"清洁电能"，重新输回电网，确保同电网中其他敏感用电设备的安全使用。该功能无电磁污染，尤其适用于各大医院、电视台、机场、商务写字楼和普通住宅等需要"清洁能源"的建筑中。

能源再生技术曾应用于电梯产业，但因其高成本和低效率未能得到普及。据了解，作为全球最大的电梯生产商和服务商的奥的斯推出的"新型电梯能源再生科技"，攻克了在应用能源再生技术中投资成本高和转化"清洁能源"效率低的两大技术难题，将使电梯节能、省电"走入寻常生活"变成现实。

能源再生技术已在汽车、航空等其他领域有广泛的应用。对于电梯能源再生技术在中国大范围推广的前景，中国电梯协会理事长任天笑表示乐观。他说："奥的斯这项新技术能把电梯运行时势能转化的电能反馈给电网，供其他电器使用。据有关单位检测，反馈回去的总电量平均可达消耗总电量的50%。如果这项技术得到普及，一定能够取得显著的节能效果。"

奥的斯电梯（中国）投资有限公司总裁林浩伟介绍说，奥的斯拥有世界一流的研发和创新能力，尤其在开发节能、绿色产品上具有强大的技术优势。此次开发的"新型电梯能源再生科技"已完全具备了大范围推广应用的条件，在将来，奥的斯所有产品都可配备该技术。"我们就是要让电梯成为'省电'的交通工具，为中国能源的充分利用和城市的可持续发展做出贡献。"

4.1 电梯的拖动系统

4.1.1 电梯拖动系统的结构

随着社会的发展，高层、超高层的建筑物日益增多，电梯成为一种必备的基础设施。而且对电梯在起动加速、制动减速、正反向运行、平层精度、调速范围、乘坐的舒适感和安全性等静态特性和动态响应方面提出了更高、更新的要求。这些指标将由电梯的拖动系统直接决定。因此，一台电梯运行性能的好坏，在很大程度上取决于其拖动系统的优劣。见图4－1。

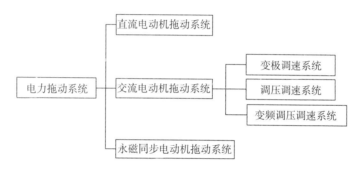

图4－1 电梯拖动系统的结构

根据电梯电力拖动系统和曳引电动机的分类，可以将电梯的拖动系统分为直流电动机拖动系统、交流电动机拖动系统和永磁同步电动机拖动系统。交流电动机拖动系统又分为变极调速系统、调压调速系统和变频调压调速系统。

电梯的拖动控制系统经历了从简单到复杂的过程。目前用于电梯的拖动系统主要有单、双速交流电动机拖动系统；交流电动机定子调压调速拖动系统；直流发电机——电动机可控硅励磁拖动系统；可控硅直接供电拖动系统；使用最广泛的是交流变压变频调速电梯（简称VVVF电梯）。

按拖动方式分类主要包括以下几项。

（1）交流单速感应电动机开环直接起动的电梯拖动系统。

（2）交流双速电动机变极调速电梯的开环拖动系统。

（3）交流双速电动机半闭环调压调速拖动系统。

（4）交流双速电动机全闭环调压调速的电梯拖动系统，简称ACVV。

（5）交流单速电动机全闭环调压调速的电梯拖动系统，简称VVVF。

（6）交流永磁同步电动机全闭环调压调速的电梯拖动系统，简称VVVF。

（7）直流电动机全闭环调压调速拖动系统。

4.1.2　VVVF 电梯电气控制系统的构成

VVVF 电梯电气控制系统的构成如图 4－2 所示。从图 4－2 中可以看出，VVVF 电梯的电气控制系统是由下列几个主要环节所组成。

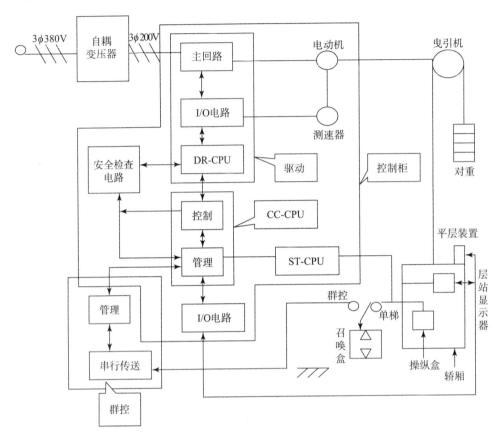

图 4－2　VVVF 电梯电气控制系统结构框图

1．拖动部分

拖动部分是 VVVF 电梯的最重要部分，由美国 Intel 公司生产的 I8086 微处理器构成的 DR－CPU 进行控制，并应用了矢量变换和脉宽调制（PWM）技术。

2．控制部分

控制部分是指由 PLC 进行控制，其控制的主要功能是对选层器、速度图形和安全保护电路进行控制。

3．管理部分

管理部分是负责处理电梯的各种运行，特别是多台电梯时的群控功能的控制。

4.1.3　VVVF 电梯的拖动系统结构和原理

拖动系统是 VVVF 电梯的核心，其基本的控制原理已在前面进行了叙述，这里不再详述。但对一个具体的电梯系统来说，尤其为了提高拖动系统的动态品质、减少电动机发热、节约能源和提高效率，仅靠前述的电压型或电流型变频器不能解决问题，还必须在拖动系统中应用矢量变换控制和 PWM 调制技术。低、中速电梯拖动系统结构如图 4－3 所

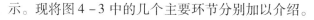
示。现将图4-3中的几个主要环节分别加以介绍。

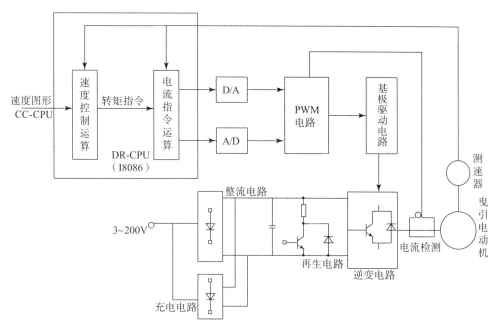

图4-3 低、中速电梯拖动系统结构框图

1. 整流回路

在低、中速电梯中（$v < 2.0$ m/s），整流器采用了由三块二极管模块（每块模块有两只二极管）组成的三相桥式全波整流电路。在中、高速电梯中（2 m/s $\leq v \leq 6$ m/s）整流器部分采用了由6块晶闸管模块（每块模块有两只晶闸管）组成的三相全控桥式整流电路。晶闸管的导通角开放的大小由正弦波 PAM（Pulse Amplitude Modulation）控制，输出可调直流电压。事实上电梯在加速、恒速运动时，晶闸管的输出电压是恒定的，仅在减速时，晶闸管模块作为由电动机侧的再生能量反馈电网时的通路，其输出电压是连续变化的。

整流回路使用的二极管模块、晶闸管模块，是目前最先进的功率半导体器件。这种器件的一致性极好，并且具有耐浪涌电压、电流及结点温度高等特点。

2. 充电器电路

充电器电路原理如图4-4所示。充电器电路主要用于主电源接通时，预先对大容量电解电容器进行充电，以便当主回路整流器开始工作时，不能形成一个很大的冲击电流，而导致二极管模块（或晶闸管模块）损坏。充电回路中的变压器（与基极驱动回路使用同一只）采用升压变压器，升压比为 1:1.1。当主电源开关合上时，电源电压输入为 U，则充电回路的整流器输出 $U_D = \sqrt{2} \times 1.1U$。$U_D$ 的主回路整流器直流侧的大容量电解电容器 C 充电到 $\sqrt{2}U$ 时（约2 s），给控制微处理器发出充电完毕信号。然后由控制微处理器发出电梯可以起动信号。如此时电梯不要求起动，则电容器 C 续充电至 $U_{DC} = \sqrt{2} \times 1.1U$。当电梯起动时，主回路整流器开始工作，其输出电压为 $U_Z = \sqrt{2}U$。而电容器 C 的电压 $U_{DC} = \sqrt{2} \times 1.1U$ 经电阻 R_2 放电到 $U_{DC} = \sqrt{2}U$。由于充电回路有隔离二极管 VD，所以主回路电流不能流向充电回路。

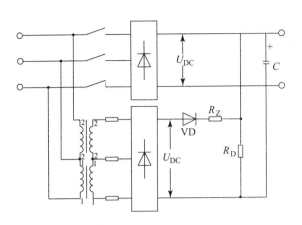

图 4 - 4　充电器电路原理图

3. 逆变器电路

逆变器电路的工作原理如图 4 - 5 所示。逆变器采用 6 只大功率晶体管（IGBT）模块，每只模块有 1 只 IGBT 和 1 只续流二极管。因为大功率晶体管导通时，相当于起一只开关的作用，所以可以将图 4 - 5（a）简化成图 4 - 5（b）。

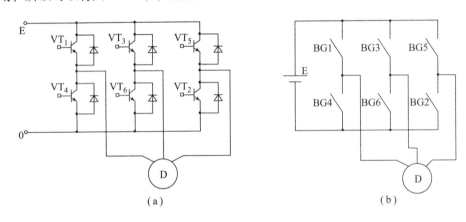

图 4 - 5　逆变电路工作原理图
(a) 电路原理图；(b) 简化原理图

当来自正弦波 PWM 控制电路的三相矩形脉冲列经基极驱动电路放大时，按相序分别触发大功率晶体管基极，使其导通。由于三相矩形脉冲列每相相位差为 120°，所以逆变器中大功率晶体管 VT_1、VT_3、VT_5 分别以 120° 角滞后导通。而在同一相上、下半波的大功率晶体管 VT_1、VT_4；VT_3、VT_6；VT_5、VT_2 之间分别以 180° 角区间内导通。如 VT_1 在 A 相的正半波内导通，而在 VT_4 在 A 相的负半波内导通。这样在每相之间输出电压为一个交变电压，其线电压也为一个交变电压。

4. 再生电路

电梯能源再生技术工作原理为：当电梯满载下降、空载上升、制动等情况下，回馈模块将电动机转化的电能回馈给电网，实现能量再生，既把变频器直流环节中的电能，变换成一个和电网电源同步的同相位的交流正弦波，把电能反馈回电网。如果曳引机上、下运动时负载又使得势能改变，当曳引机拖动负载减速运动时，动能将释放出来，当负载做下行运动时其势能也将减少，如果能有效地将这两部分机械能转换成的电能再次利用，就达到了节约电能的目的。电梯对重块最主要的作用是以自身重量来平衡轿厢侧的重量，减少电梯曳引机的输出功率，对重的重量通常是轿厢满载时重量的一半。只有当轿厢载客量为额定载重一半的时候，轿厢和对重平衡块之间才相互平衡。因此大部分情况下，对重和轿厢是有重量差的。

当轿厢侧的重量大于对重侧的时候，轿厢依靠重力势能就可以自发向下运行，这个时候曳引机处于被动旋转状态，也就是工作于发电状态；当轿厢侧的重量小于对重侧的时候，对重依靠重力势能就可以自发向下运行，拉着轿厢上行，这个时候曳引机也处于被动旋转状态，同样工作于发电状态。

电梯在正常运行中会频繁产生回馈能量，当曳引机处于电动状态时，它与传统的交 - 直 - 交变频器工作方式相同；当曳引机处于发电状态时，通过逆变器将电梯再生能量回馈到电网。由于逆变 PWM 的脉宽调制，回馈的能量中其电流谐波畸变率为 5% ~7% 之间。因此采用超级电容器与直流母线直接相连吸收回馈能量，当曳引机处于电动状态时，超级电容按照其功率需求进行放电；当曳引机处于发电状态时，超级电容按照其回馈功率进行充电。变频器直流母线电压在 513 ~539 V 之间变化，而超级电容的单体电压在 2 ~3 V 之间。直流母线可以看做电压源，其与超级电容器连接构成一阶 RC 电路，不论母线电压在哪个范围波动，超级电容的充放电效率始终为 50%。超级电容器通过双向 DC - DC 与直流母线连接，吸收回馈能量，超级电容器通过双向 DC - DC，与变频器直流母线连接。当曳引机处于电动状态时，超级电容进行恒流快速放电；当曳引机处于发电状态时，超级电容进行恒流转恒压充电。

5. 基极驱动电路

由正弦波 PWM 控制电路产生的脉冲列信号，必须经基极驱动电路放大后，才能输送至逆变器的大功率晶体管的基极，使其导通。

在电梯减速时，VVVF 系统的动能量必须经过再生电路释放。因此，VVVF 系统在减速再生控制时，主回路大电容的电压 U_{DC} 和充电回路输出的电压 U_D 与基极驱动回路比较后，经信号放大，来驱动再生回路中大功率晶体管的导通。

基极驱动电路除以上两个功能以外，还具有主回路部分安全回路检测的功能。包括：主回路直流侧的过电压；主回路直流侧的欠电压；基极驱动电路的逆变器大功率晶体管输出的欠电压；主回路直流侧充电电压的欠电压；主回路大容量电容器充电电压是否已达到 $\sqrt{2} \times 1.1U$，如达到，则向微处理器发出充电完毕信号。

6. PWM 控制器

从前述逆变器电路可知，晶体管逆变器将直流电压转变为频率不同的交流电压。但因为其输出电压是方波电压，经傅里叶级数分解，除基波外，在其电压波形中还含有较大成分的高次谐波分量。这样，曳引电动机的供电电源中存在谐波分量，使电动机运行效率降低。矩形波供电的电动机其效率将下降 5% ~7%，功率因数下降 8% 左右，而电流却要增大 10 倍左右。虽可在逆变器的输出端采用交流滤波器来消除高次谐波分量，但又非常不经济，并且增大了逆变器的输出阻抗，使逆变器的输出特性变坏。

由于前述原因，目前 VVVF 调速系统均采用脉宽调制控制器 PWM。它按一定的规律控制逆变器中功率开关器件（IGBT等）的通与断，从而在逆变器的输出端即可获得一组等幅而不等宽的矩形脉冲波形并近似等效于正弦电压波。

正弦波PWM控制是利用等幅的三角波（称为载波）与正弦波（称为调制波）的相交点发出开、关功率开关器件（IGBT）的触发脉冲，并经基极驱动电路放大后送至逆变器中。幅值和频率可变的正弦控制波与幅值固定、频率固定（按设计时确定）的三角波进行比较，由两个波形的交点得到一系列幅值相等、宽度不等的矩形脉冲列。当正弦控制波的幅值大于三角波的幅值时，输出正脉冲，可使逆变器中的功率开关管导通；当正弦波的幅值小于三角波的幅值时，输出负脉冲，可使逆变器中的功率开关管截止。PWM的输出脉冲列的平均值近似于正弦波。如提高三角波的频率，则PWM的输出脉冲列的平均值更逼近于正弦波。故称此时的PWM为"正弦波PWM"。正弦波PWM的波形如图4-6所示。

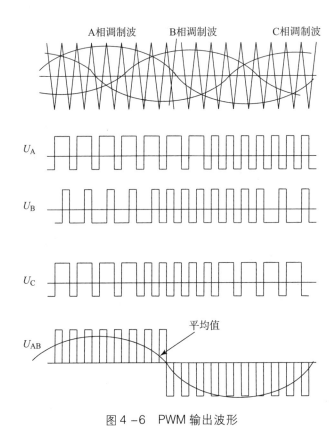

图4-6　PWM输出波形

由于PWM的控制作用，在逆变器的输出端得到一组幅值等于整流电路的直流输出电压 U_D、宽度按正弦波规律变化的一组矩形脉冲列。它等效于正弦曲线 $U_D \sin\omega t$，提高 U_D 和提高正弦调制 $U_m \sin\omega t$ 的幅值就可提高输出矩形波的宽度，从而提高输出等效正弦波的幅值。改变正弦调制波的角频率 ω，就可改变输出等效正弦波的频率，这样就可以实现变压、变频的目的了。

4.2 电梯的电气控制部件

4.2.1 操纵箱

1. 操纵箱的形式

1）手柄操纵箱

手柄操纵箱一般是指由司机操纵使电梯门开启或关闭、起动或制停轿厢的手柄开关装置。扳手有向上、向下、停车三个位置。板面上一般设有安全开关、指示灯开关、信号灯开关、照明开关、风扇开关和应急开关等。常用在货梯上。

2）按钮操纵箱

由乘客或司机通过按钮操纵电梯上、下、急停等的装置，并设有钥匙开关，用以选择司机操纵方式或自动操纵方式。另外还备有与电梯停站数相对应的指令按钮，记忆呼梯信号的指示灯，上下行方向指示灯，超载灯和警铃等。

3）轿厢外操纵箱

操纵按钮一般装在每层楼的层门旁侧井道墙上，按钮数量不多，形式比较简单，常用于不载人的货梯。

2. 操纵箱常见各个开关、按钮的功能和使用方法

1）按钮组

操纵箱面板上装有单排或双排按钮组，按钮的数量由楼层的多少确定。按钮在压力下接通，使层楼指令继电器自我保护，按钮失压后会自动复位。司机操作时，可以根据需要按下一个或几个欲去层站的按钮，轿厢停层指令被登记，关门起动后轿厢就会按被登记的层站停靠。

2）起动按钮

一般在盘面左、右各装一个起动按钮，一个用于向上起动，一个用于向下起动。当司机按下选层指令按钮，选好要去的层站，再按所要去的方向按钮，轿厢就会驶向欲去的楼层。有的电梯不用按钮起动而采用手柄左右旋转的办法起动，其效果相同，一般多用于货梯。

3）照明开关

照明开关是控制轿厢内照明电路的。轿厢内照明，是由机房专用电源供电，不受电梯其他供电部分控制。一旦电梯主电路停电，轿厢内照明电路也不会断电，便于驾驶员或维修人员检修；不过维修人员处理故障时，要特别注意照明电路和开关仍带电，以免触电。

4）钥匙开关

一般采用汽车钥匙开关，其作用是控制电梯运行状态，一般用机械锁带动电气开关，有的只控制电源，有的是控制电梯快速运行状态的检修（慢速）状态。在信号控制的电梯中，钥匙开关只有运行和检修两挡；而在集选控制电梯中钥匙开关有三挡，即自动（无司机）、司机和检修。司机离开轿厢，应将开关放在停止位置，并将钥匙带走，防止他人乱动设备（无司机电梯除外）。

5）通风开关

通风开关用来控制轿厢内的电风扇。轿厢无人时，应将风扇开关关闭，以防时间过长

91

烧坏风扇或引起火灾。

6）直驶按钮（专用）

开启直驶按钮，厅外招呼停层即告无效，电梯只按轿厢内指令停层。尤其在满载时，通过轿厢满载装置，将直驶电路接通，电梯便直达所选楼层。

7）独立服务按钮（或专用按钮）

当此开关合上后，只应答轿内指令，外呼无效，即电梯专用。有的电梯甚至厅外楼层显示此时也没有。

8）检修开关

检修开关也称慢车开关。在检修电梯时，用来断开电气自动回路的一个手动开关。在司机操作时，只可在呼层区域内作慢速对接（调平）操作，不可用于行驶。

9）急停按钮（安全开关）

按动或搬动急停按钮，电梯控制电源即被切断，立即停止运行。当轿厢在运行中突然出现故障或失控现象，为避免重大事故发生，司机可以按动急停开关，迫使电梯立即停驶。检修人员在检修电梯时，为了安全，也可以使用它。

10）开关门按钮

在轿厢停止行驶状态时，开关门按钮才能起开关作用，在正常行驶状态下，该按钮将不起作用。有的电梯，开关门按钮只在检修时起开关门作用。

11）警铃按钮

当电梯运行中突然发生事故停车，司机与乘客无法从轿厢中走出，可按此开关向外报警，以便及时解除困境。

12）召唤蜂鸣器

当厅外有人发出召唤信号时，接通装于操纵箱内的蜂鸣器电源，将会发出蜂鸣声，提醒司机及时应答。

13）召唤楼层和运行方向指示灯

当乘客发出召唤信号时，与其相应的继电器吸合，接通指示灯电源，点亮相应的召唤楼层指示灯，电梯轿厢应答到位后，指示灯自行熄灭。有的电梯把指示灯装在操纵箱上楼层选择按钮旁边，有的电梯把指示灯横装在操纵箱的上方。运行方向指示灯装在操纵箱盘面上，用箭头图形表示，当向上方向继电器吸合后，使向上箭头指示灯点亮，当向下方向继电器吸合后使向下箭头指示灯点亮，以标示电梯轿厢运行方向。指示灯电压各不相同，一般采用 6.3 V、12 V、24 V，灯泡则选用 7 V、14 V、26 V，即灯泡额定电压略高于线路给定电压，这样可以延长指示灯泡的使用寿命。

另外，在信号控制电路操纵箱面板上，不设超载信号指示，而在集选控制电梯操纵箱面板上，设有超载指示灯和讯响器。

轿厢内轿门上方的上坎装设有楼层指示灯，用以显示轿厢所在楼层位置。旧式指层装置采用低电压（6.3 V、12 V、24 V）等小容量指示灯显示，由楼层继电器驱动，每层由一只指示灯显示。旧式指层装置体积大，灯泡寿命短，维修量大。新式楼层指示装置采用 LED 发光二极管显示，它具有体积小、美观清晰、寿命长等优点，在电梯上得到了广泛的使用。

4.2.2　指示灯

指层灯箱是给司机、轿厢内、外乘用人员提供电梯运行方向和所在位置指示灯信号的装置。

位于层门上方的指层灯箱称为厅外指层灯箱，位于轿门上方的指层灯箱称为轿内指层灯箱。同一台电梯的厅外指层灯箱和轿内指层灯箱在结构上是完全一样的。

指层灯箱内装置的电气元器件一般有以下两种：梯上下运行方向灯和电梯所在层楼指示灯。除杂物电梯外，一般电梯都在各停靠站的层门上方设置有指层灯箱。但是，当电梯的轿厢门为封闭门，而且轿门没有开设监视窗时，在轿厢内的轿门上方也必须设置指示灯箱。指层灯箱上的层数指示灯，一般采用信号灯和数码管两种。

1. 层楼指示信号灯

在层楼指示器上装有和电梯运行层楼相对应的信号灯。每个信号灯外，都有数字表示。当电梯运行中经过某层时，此时层数指示灯亮，电梯通过后，指示楼层的信号灯就熄灭。也就是说：当电梯轿厢运行过程中，进入某层，该层的层楼信号灯就发亮，离开某层后，则该层的层楼信号灯就灭，它可以告诉司机和乘客轿厢目前所在的位置。其电路接法是：把所要指示同一层的灯并联在一起，再将同一层楼层楼继电器动合（常开）触点接到电源上。每层均是这种接法。当电梯在某一层时，该层的层楼继电器通电，其动合触点闭合，使安在这层厅外及轿厢内指示灯箱内的指示灯发亮；同理，装在指层灯箱内的上、下方向指示灯，根据选定方向指示。

2. 数码管

数码管层灯，一般在微机控制的电梯上使用，层灯上有译码器和驱动电路，以数字显示轿厢位置。其形式多采用七段发光体 a、b、c、d、e、f、g 组成。若电梯运行楼层超过 9 层后，则在每层指示用的数码管需用两个（层门外上方和轿厢上方均用两个），可显示 00～99 这 100 个不同的层楼数。同理，装于指层灯箱内上、下方向指示灯，一般装在厅外门上方，用塑料凸出上、下行三角。指示灯一般为白炽灯，有的为提醒乘客和厅外候梯人员，电梯已到本层，在指示灯箱内，装有喇叭（俗称到站钟），以声响来传达信息。

3. 无层灯的层楼指示器

有的电梯，除一层层门装有层楼指示器层灯外，其他层楼门仅有无层灯的层楼指示器，它只有上、下方向指示灯和到站钟。

4.2.3　呼梯按钮盒

呼梯按钮盒又称召唤按钮盒，是设置在电梯停靠站层门外侧，给厅外乘用人员提供召唤电梯的装置。一般根据位置不同，设置以下几种按钮（箱）。

位于上端站，只装设一只下行召唤按钮。

位于下端站，只装设一只上行召唤按钮（单钮召唤箱）。

在基站上，则装设一只上行召唤按钮和一只下行召唤按钮的双钮召唤箱。当厅外候梯人员按下向上或向下按钮时（只许按一个按钮），相应的指示灯也亮，于是司机和乘客便知某层楼有人要梯。当要梯人所在的层次在运行电梯的前方，而且是顺向时，则电梯到达该层时，立即停车，开门，厅外候梯人员上梯；若要梯人所在的层次在运行电梯的后方，而且其要求与运行中电梯方向相反，则电梯只作记忆（从轿厢内操作盘上可知），等到做完这个方向运行后，再按要求接这个方向运行的乘客。

若电梯的呼梯登记（即呼梯系统）是采用继电器控制的，则每一个呼梯按钮对应于相应的一只继电器,按钮与对应继电器动合触点并联构成自保持环节。若电梯的呼梯登记(即呼梯系统)是采用计算机控制时,则呼梯按钮对应的是专用的呼梯记忆系统。

当电梯到达厅外候梯人员所等候的层站时,此层呼梯信号就被取消。

4.2.4 轿顶检修盒

在机房电气控制柜上及轿厢顶上,设有供电梯检修运行的检修开关箱。

其电气元器件一般包括:电梯慢上和慢下的按钮、点动开关门按钮、急停按钮、轿顶检修转换开关和轿顶检修灯开关。

4.2.5 换速平层装置

为使电梯实现到达预定的停靠站时,提前一定的距离,把快速运行切换为平层前的慢速运行,并使平层时能自动停靠的控制装置。

这种装置通常分别装在轿顶支架和轿厢导轨支架上,所装的平层部件,配合动作,来完成平层功能。

4.2.6 选层器

选层器设置在机房或隔层内,是模拟电梯运行状态,向电气控制系统发出相应信号的装置。见图4-7。

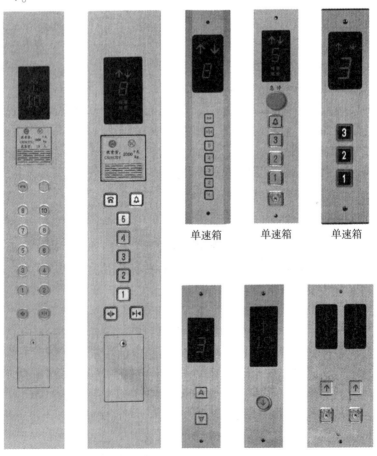

图4-7 选层器

1. 机械式选层器

机械式选层器是一种以机械传动模拟电梯运行，以缩小的比例准确反映轿厢运行位置，并以电气触头的电信号实行多种控制功能的装置。其作用多为发出减速指令、指示轿厢位置、消除应答完毕的召唤信号、确定运行方向和控制开门等。

2. 电动式选层器

电动式选层器又称刻槽式选层器，可装置在控制柜内。由伺服电动机、螺杆、螺母和继电器触点组成。

3. 电气选层器

电气选层器（继电器式选层器）实际上是一个步进开关装置，可代替机械式选层器。对于电气选层器来说，必须特别注意依次顺序前进和后退的规定。

这种选层装置，通常由双稳态磁性开关、圆形永久磁铁、选层器方向记忆继电器、选层器步进限位器、记忆选层继电器以及选层器的端站校正装置等组成。

井道信息是由装在轿厢导轨上各层支架上的圆形永久磁铁和装在轿厢顶上一组双稳态磁开关来完成。各层选层信号是由机房内控制屏上的层楼继电器来执行。

4. 计算机选层器

计算机选层器（电子选层器）是利用数字脉冲信号、微处理机等手段组成的选层器。它是将脉冲信号的数字量相对于轿厢运行的距离量进行选层，它利用装在曳引电动机或限速器轮上的光码盘，在电动机转动时产生光脉冲信号，其脉冲量的多少决定了电梯的平层精度。

4.2.7　控制柜

控制柜是电梯电气系统完成各种控制任务，实现各种功能的控制中心。

控制柜由柜体和各种控制电气元器件组成。控制柜中装配的元器件，其数量规格主要与速度、控制方式、曳引电动机大小等参数有关，目前交流电梯主要有三个品种，每种因参数不同而略有区别。交流双速电梯，控制系统现一般由微型计算机组成，动力输出由接触器完成，接触器较多，交流调压调速电梯的动力输出由交流调压调速器完成，配以相对较少的接触器。变频变压调速电梯目前使用较多，由变频器配以很少的接触器完成电梯的动力输出，由微型计算机控制，故障率较低，结构紧凑、美观。见图 4 - 8。

4.3　电梯控制系统的工作原理

4.3.1　电梯控制系统的结构

电梯的安全保护装置用于电梯的起停控制；轿厢操作盘用于轿厢门的关闭、轿厢需要到达的楼层等的控制；厅外呼叫的主要作用是当有人呼叫时，电梯能够准确到达呼叫位置；指层器用于显示电梯达到的具体位置；拖动控制用于控制电梯的起停、加速、减速等操作；门机控制主要用于控制当电梯达到一定位置后，电梯门能够自动打开，或者门外有乘电梯人员要求乘梯时，电梯门应该能够自动打开。

电梯控制系统的结构如图 4 - 9 所示。

图 4 - 8　电梯控制柜

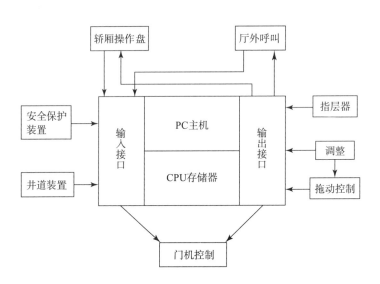

图 4 - 9　电梯控制系统结构图

电梯信号控制基本由 PLC 软件实现。输入到 PLC 的控制信号有运行方式选择（如自动、有司机、检修、消防运行方式等）、运行控制、轿内指令、层站召唤、安全保护信号、开关门及限位信号、门区和平层信号等。

电梯信号控制系统如图 4 - 10 所示。

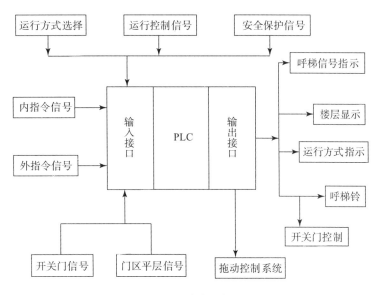

图 4-10 电梯信号控制系统

4.3.2 电气控制系统分析

通常电梯的电气控制系统包括三大部分，继电器控制系统、PLC 控制系统和微型计算机控制系统。其逻辑关系如图 4-11 所示。

图 4-11 电气控制系统分类

1. 继电器控制系统

电梯继电器控制系统是最早的一种实现电梯控制的方法。但是，进入 20 世纪 90 年代，随着科学技术的发展和计算机技术的广泛应用，人们对电梯的安全性、可靠性的要求越来越高，继电器控制的弱点就越来越明显。

电梯继电器控制系统存在很多的问题：系统触点繁多、接线线路复杂，且触点容易烧坏和磨损，造成接触不良，因而故障率较高；普通控制电器及硬件接线方法难以实现较复杂的控制功能，使系统的控制功能不易增加，技术水平难以提高；电磁机构及触点动作速度比较慢，机械和电磁惯性大，系统控制精度难以提高；系统结构庞大，能耗较高，机械动作噪声大；由于线路复杂，易出现故障，因而保养维修工作量大，费用高，而且检查故障困难，费时费工。电梯继电器控制系统故障率高，大大降低了电梯的可靠性和安全性，经常造成停梯，给乘用人员带来不便和惊扰。且电梯一旦发生冲顶或蹲底，不但会造成电梯机械部件损坏，还可能出现人身伤害事故。电梯继电器控制系统见图 4-12。

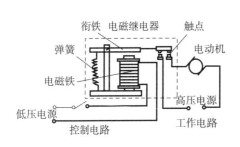

图 4 -12 电梯继电器控制系统

2. 微型计算机控制系统

微型计算机控制系统在工业控制领域中，其主机一般采用能够在恶劣工作环境下可靠运行的工控机。工控机由通用微型计算机应用发展而来，在硬件结构方面总线标准化程度高，品种兼容性强，软件资源丰富，能提供实时操作系统的支持，故在要求快速，实时性强，模型复杂的工业对象的控制中占有优势。但是，它的使用和维护要求工作人员应具有一定的专业知识，技术水平较高，且工控机在整机水平上尚不能适应恶劣工作环境。可编程控制器对此进行了改进，变通用为专用，有利于降低成本，缩小体积，提高可靠性，更适应过程控制的要求。微型计算机控制系统见图4 -13。

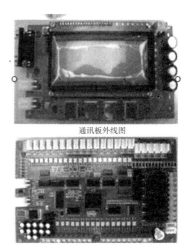

通讯板外线图

图 4 -13 微型计算机控制系统

微型计算机系统逻辑线路，实际上就相当于用一台计算机来控制和实现逻辑功能的系统。与可编程序控制器（PLC）相比，它具有以下区别和优势。

（1）采用了更高一级的 CPU，使得处理速度和指令的复杂性得到根本的提高。

（2）有更大容量的存储器做后盾，提高了软件设计的复杂性，并成为大规模化控制系统的保障条件。

（3）有更加灵活、功能全面的软件设计范围，为人－机交互图形化、智能化、人性化的实现打好了基础。

（4）具有更加方便、功能强大的扩展能力，为各种特殊要求的硬件、软件功能的实现提供了保障。

（5）使综合管理、多台控制、随机情况监视、汇总成为可能。

总之，采用微型计算机系统控制的电梯，无论在运行性能、实现功能，还是在实际应用管理方面，更加具有开发深度并提高了各种功能实现的可能性。

一般来说，微型计算机控制系统都与整个电梯的设计融合在一起，使其在各个运行部分都充分发挥控制、监测功能。

因此，微型计算机控制系统常用在有高性能要求、智能化的电梯和大规模梯群的控制管理上。

目前，采用微型计算机控制的电梯还可自动或被动地接上 Internet，进行全球范围内的通信和管理。

4.3.3 PLC 控制系统

1. 可编程序控制器

可编程序控制器（PLC）最早是根据顺序逻辑控制的需要而发展起来的，是专门为工业环境应用而设计的数字运算操作的电子装置。鉴于其种种优点，目前电梯的继电器控制方式已逐渐被 PLC 控制所代替。同时，由于电动机交流变频调速技术的发展，电梯的拖动方式已由原来直流调速逐渐过渡到了交流变频调速。因此，PLC 控制技术加变频调速技术已成为现代电梯行业的一个热点。见图 4-14。

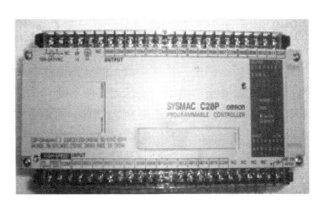

图 4-14　可编程序控制器（PLC）

在发达的工业国家，可编程序控制器已经广泛地应用在所有的工业部门。随着可编程序控制器的性能价格比的不断提高，过去许多使用专用计算机的场合也可以使用可编程序控制器。比如开关量的控制，这是可编程序控制器最基本、最广泛的应用，它的输入和输出信号都是只有通、断状态的开关量信号，这种控制与继电器控制最为接近，可以用价格较低，仅有开关量控制的功能的可编程序控制器作为继电器控制系统的替代物。开关量逻辑控制可以用于单台设备，也可以用于自动生产线，如机床、冲压、铸造、运输带、包装机械的控制，同样也可以用于电梯的控制。

2. 可编程序控制器的特点

（1）可靠性高、抗干扰能力强。

（2）控制系统构成简单、通用性强。

（3）编程简单，使用、维护方便。

（4）组合方便、功能强、应用范围广。

（5）体积小、重量轻、功耗低。

3. PLC 电梯控制系统性能要求

1）安全性

电梯是运送乘客的，即使载货电梯通常也有人伴随，因此对电梯的第一要求便是安全。电梯中设置有必要的安全措施，它们主要包括如下几方面。

（1）超速保护装置。

（2）轿厢超越上、下极限工作位置时，切断控制电路的装置。交流电梯（除杂物电梯）还应有切断主电路电源的装置，直流电梯在井道上、下端站前，应有强迫减速装置。

（3）撞底缓冲装置。

（4）对三相交流电源应设断相保护装置和相序保护装置。

（5）厅门、轿门电气连锁装置。

（6）电梯因中途停电或电气系统有故障不能运行时，应有轿厢慢速移动措施。

2）可靠性

电梯的可靠性也很重要，如果一部电梯工作起来经常出故障，就会影响人们正常的生产、生活，给人们造成很大的不便。不可靠也是事故的隐患，是不安全的起因。要想提高电梯的可靠性，首先应提高构成电梯的各个零部件的可靠性，只有每个零部件都是可靠的，整部电梯才可能是可靠的。

3）乘坐舒适感

根据人们生活中的经验证明，在运动速度不变的情况下，速度值的大小对人们的器官基本上没有什么影响，这只是指人们沿地面或空中与地面平行的任意方向运动的情况而言的。高速的升降运动就和上述运动有所不同。这是由于在升降运动中，人体周围气压的迅速变化，对人们的器官产生影响。例如，耳膜会感到压力而嗡嗡响等。只要采取一定措施，这些影响是可以消除的。所以目前电梯的运行速度虽已高达 10 m/s，仍能使乘客无大的不适感。

4）快速性

电梯作为一种交通工具，对于快速性的要求是必不可少的。快速可以节省时间，这对于在快节奏的现代社会中的乘客是很重要的。快速性主要通过以下方法得到。

（1）提高电梯的额定速度。

（2）集中布置多台电梯，通过电梯台数的增加来节省乘客候梯时间。

（3）减少电梯起、停过程中加、减速所用的时间。

5）停站准确性

停站准确性又称平层准确度、平层精度。梯速在 1 m/s 以上的电梯减速停车阶段通常都采用速度闭环控制轿厢按预定的速度曲线运行，因此平层精度可大大提高。

6）电梯理想运行曲线

根据大量的研究和实验表明，人可接受的最大加速度为 $a_{max} \leqslant 1.5$ m/s^2，加速度变化率 $\rho_{max} \leqslant 3$ m/s^3，电梯的理想运行曲线按加速度可划分为三角形、梯形和正弦波形。由于正弦波形加速度曲线实现较为困难，而三角形曲线最大加速度和在起动及制动段的转折点处的加速度变化率均大于梯形曲线，即从 ρ_{max} 跳变到 $-\rho_{max}$ 或由 $-\rho_{max}$ 跳变到 ρ_{max} 的加速度变化率，故很少采用。因梯形曲线容易实现并且有良好加速度变化率频繁指标，故被广泛采用。

变频器构成的电梯系统，当变频器接收到控制器发出的呼梯方向信号，变频器依据设定的速度及加速度值，起动电动机，达到最大速度后，匀速运行，在到达目的层的减速点时，控制器发出切断高速度信号，变频器以设定的减速度将最大速度减至爬行速度，在减速运行过程中，变频器能够自动计算出减速点到平层点之间的距离，并计算出优化曲线，从而能够按优化曲线运行，使低速爬行时间缩短至 0.3 s，在电梯的平层过程中变频器通过调整平层速度或制动斜坡来调整平层精度。即当电梯停得太早时，变频器增大低速度值或减少制动斜坡值，反之则减少低速度值或增大制动斜坡值，在电梯到距平层位置 4~10 cm 时，由平层开关自动断开低速信号，系统按优化曲线实现高精度的平层，从而达到平层的准确可靠。其速度曲线如图 4-15 所示。

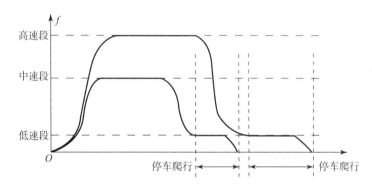

图 4-15 抛物线—直线综合速度曲线

┌─ 知识拓展 ─┐

智能电梯控制系统发展趋势

电梯的拖动控制系统经历了从简单到复杂的过程，现代电梯主要由曳引机（绞车）、导轨、对重装置、安全装置（如限速器、安全钳和缓冲器等）、信号操纵系统、轿厢与厅门等组成。智能电梯专供电梯轿厢内管制人员出入特定楼层。管制持卡人员出入特定允许出入的楼层，以防止随意出入不允许出入的楼层。

智能电梯具有以下功能。

具有区段式增加、删除、查询卡号及楼层设定；

操作模式：单层卡持有人刷卡直达，无须再按键；多层卡用户刷卡后，须再按卡片内记录的权限按键抵达；

可选配密码键盘，实现忘带卡时输密码坐电梯；

具有时间区管制：实现系统在某段时间内开放，某段时间内受控，使电梯按规定自动运行；

该系统与电梯本身系统采用无源触点连接，两者完全隔离，不会对电梯原有性能产生任何影响；

产品自带自检装置，当系统发生故障或者遭破坏时可送出讯号，会自动从原系统中脱离，恢复电梯原状态，不影响电梯的使用。

智能电梯具有消防信号输入接口，当无源的干接点消防开关信号启动后，IC卡电梯系统不工作，电梯恢复到原状态；使用低功率的CMOS微电脑、断电时人员及储存资料可保存10年绝不流失；含高级接待卡功能；脱机或者联网状态系统会自动记录每次成功刷卡使用电梯的相关信息（包括使用者卡号、使用时间、所使用的电梯代号、所到达的楼层以及交易情况等信息），以作统计、打印、存档、查询等。其主要功能包括：

（1）智能电梯呼梯控制系统：通过控制电梯每层的呼叫按键，只有持有管理中心授权的IC卡并刷卡后方能将电梯呼叫到本层，其他持有未经授权的IC卡或无卡人员无法呼叫电梯。这种方式相对简单，电梯内的楼层按键不受控制，进入电梯后可以选择去任何一个楼层。

（2）IC卡电梯楼层控制系统：系统安装在轿厢内，控制电梯轿厢内的楼层按键，无合法的IC卡（即未经授权的人员）无法选择被控制的楼层按键。这种控制方法可以有效地控制非法人员在建筑物内随意流窜，但对于持有已经授权IC卡的人员在楼内流动不设任何限制。因此，这种型号的电梯控制系统适合于主要控制和限制外来人员使用电梯的场所。

（3）智能电梯楼层控制系统：系统安装在轿厢内，控制电梯轿厢内的楼层按键，无合法的IC卡（即未经授权的人员）无法选择被控制的楼层按键。持有合法IC卡（被授权人员）也只能选择被授权的楼层按键，其他楼层按键无效。这种控制方法功能更强大，管理更方便，也更适用，特别是对于一些小区或高档写字楼或办公楼的电梯智能控制，不仅可以控制外来人员的乘梯问题，对于本大厦/楼内部人员的走动也可以根据需要合理设置和管理。

（4）智能电梯门禁控制系统：也叫电梯智能控制外呼控制系统，刷卡电梯门开放，乘客进入，进入后正常操作电梯。

（5）智能电梯对讲联动控制系统：在IC卡电梯楼层控制系统的基础上，为了有效地解决访客乘梯的问题，增加了与楼宇对讲系统的联动功能。访客通过对讲主机呼叫业主，业主通过对讲分机确认访客身份后给访客开启单元门，同时对讲系统送给IC卡电梯控制系统相应的楼层信号；IC卡电梯控制系统根据接收到的楼层信号开放电梯相应楼层的按钮，这样访客进入电梯后即可选择业主所在楼层的电梯选层按键并到达业主所在楼层，其他楼层则无法到达。

（6）在楼层控制系统及对讲联动系统的基础上，具体项目的方案设计可以增加一些扩展功能：如刷卡直达功能、收费功能、密码功能、超级接待卡功能等，从而可以解决并完善访客乘梯、操作方便、收费管理等方面的问题。

思 考 题

1. 电梯电气控制系统主要由哪些部件组成？

2. 电梯按拖动系统的类别和控制方式分为哪几类，各适用什么范围?

3. 电梯安全运行的充分和必要条件是什么?

4. 简述电梯计算机控制系统的特点。

5. 简述电梯可编程序控制器的特点。

6. 简述电梯能源再生技术工作原理。

7. 电梯操纵箱开关、按钮的功能和使用方法是什么?

第 5 章

电梯的安装与维修

电梯安装维修工"钱"景如何?

在职场上不穿西装、不打领带的人有很多,这也就形成了一个叫"蓝领"的工人阶层。蓝领职业一般不需要大学毕业,但技术性的工作却需要专门的技能和广泛的训练。

紧随经济增长的脚步,电梯业市场日渐扩大。除了政府机构的监控,行业内部的专业技术人员专业技能水平的提升显得越发重要,这不仅能使安全隐患锐减,还能促进电梯业优化升级。近年来电梯企业不断对从业人员进行培训,邀请专业技师授课,从而提升作业人员的知识与技能。电梯安装维修工的技能水平提高,服务大大得到改善。

电梯安装维修业发展空间广阔,切合市场需求。农村城镇化的推进、民生工程的建设、旧城改造的实施等,都使得电梯的需求量逐年上升,电梯安装与维修业自然也有了广阔的市场空间。

随着建筑楼层的递增,市场对电梯性能与售后服务提出了更高的要求。据有关电梯安全条例规定,每部电梯每月不得少于两次维保。为了逐步突破电梯量与质的飞跃,电梯安装维修业对专业人员需求日渐增多。未来,满足市场需求的专业电梯技术人员,发展空间将很大。

2016 年据某电梯公司相关负责人透露,很多电梯公司,安装和维保都是一体的,属于一个工种,刚入职的月薪在 3500 元左右,福利齐全,随着工作经验的累积,会有一定的加薪空间。对此,每个公司的考核标准不一样,有的是"升段",有的是"升级",如果是专业工程师,月薪可破万。

5.1 电梯安装工艺与流程

5.1.1 施工现场的检查

(1)检查井道、机房是否符合安装电梯的各项规定(不应存在与电梯无关的设备,机房不可以当通道使用,通往机房的道路应畅通无阻,井道和机房的结构应是隔火的)。

(2)井道内的净平面尺寸、垂直度、井道留孔等,如发现有不符合要求的,以书面形式通知甲方整改。井道内是否有障碍物及积水需要清除,必须要加装护栏。见图 5-1。

(3)检查堆放较大电梯零部件的堆货场,堆货场地应保持干燥,有防雨水、防气候影响等保护措施。见图 5-2。

图 5 - 1　电梯井道

图 5 - 2　电梯主要发运部件

5.1.2　人员的组织与施工计划的制订

（1）电梯安装小组。电梯安装小组一般由 3 ~ 4 个人组成，其中需要有熟练的机械安装钳工和电工负责安装及调试。同时也要配备一定数量的焊工、起重工等人员，人员组织好后编制施工进度表。

（2）电梯施工进度表。施工进度表通常是按机械和电气两部分内容同时进行的原则来安排。见图 5 - 3。

图 5 - 3　电梯安装过程图

（3）工具的准备。选择合理的工具及各种合适专用工具，以便工作。选择前作一次严格检查，将坏掉的剔除，换上合格的工具，确保施工安全及工程质量。所有工具应妥善保管。

（4）人员上岗前必须进行安全培训。

5.1.3　电梯配件清单检查

安装负责人开启电梯包装箱，根据装箱单位及有关资料核对所有零部件，了解该电梯的类型及控制方式，如散装提货，在提货时根据技术资料核对验收。

5.1.4　劳保用品的准备

安装人员必须遵守安全作业守则，牢记"安全第一"，作业时必须戴安全帽，系安全带，穿安全鞋，戴手套。带电作业，必须两个人以上。劳保用品要充足，以便有损坏时，随时更换。

5.2　机械安装

5.2.1　架设脚手架

（1）架设脚手架前必须对井道进行一次全面的清理工作，从机房开始逐层向下进行，直至最后将底坑内所有杂物全面清除。见图5－4。

图5－4　井道脚手架安装

架设脚手架总的要求如下：

①避开各挂线点。

②不妨碍托架、导轨、厅门等的安装和电气线路的排列。

③脚手架安全稳固，承载能力不得小于 250 kg/m²。

④脚手架的搭设不得妨碍样线和导轨的安装。

（2）一般载重量3 t以下的电梯可采用单井式，3 t以上电梯可采用双井字式。4根直档受力在底坑平面上，横档每档交替有一根和井道壁支撑，以避免脚手架摇晃。在脚手架任意一面两横档之间增一横梁供攀登用，搭至最高楼面以下约400 mm应做齐平处理，然后继续向上架设，这样为以后安装轿厢提供了方便。脚手架架设完毕后，应进行全面细致的检查后，才能使用。脚手架材料采用直径48~51 mm的钢管，用建筑扣件连接。横档之间的间距应小于1 200 mm，在每层门口处的脚手架应按图架设。见图5-5。

图5-5　电梯井道安装

（3）井道、机房安装施工照明要求如下：

①采用36 V安全电压。

②每台电梯井道单独供电，在底层井道入口处设开关。

③井道内应有足够亮度，根据需要在适当位置设手灯插座。

④顶层和底坑各设两盏或两盏以上的电灯照明。

⑤电梯所需动力电源应送到机房内和工地的加工场地，保证施工中使用。

5.2.2　样板架的制作和架设及基准线挂设

（1）根据电梯布置的轿厢外形尺寸，用不易变形的干木料。木质样板应选用无节、干燥、韧性强、不变形的木材，必须光滑平直。见表5-1。

表5-1　电梯样板架尺寸表

提升高度/m	厚度/mm	宽度/mm
≤20	40	80
20~60	50	100
>60	60	100

注：表中尺寸为加工后净尺寸。

提升高度超高时，木条厚度应相应增大或用角钢制作。

①加工后横断面不小于100 m×100 mm。方木作托架，用M16膨胀螺栓或M16的钢

筋将托架固定，水平度用薄铁皮调正，钉子将样板架固定在托架上，用8号钢丝做样线。

②木质样板架在制作时要确定电梯的主轨间距、副轨间距、门宽三者的距离。

门样线位置到中心线长度为1/2门宽。

主副轨样线到中心线长度为主副轨间距的1/2减3 mm。

主副轨支架样线位置到中心线长度的1/2处间距需要调整，调整值为主副轨间距加导轨高度再减3 mm。

③搭设样板架过程如下。

a. 在井道顶板下面1.2 m左右处用膨胀螺栓或钢筋将角钢或者是托木水平固定在井道壁上。

b. 若井道壁为砖墙，应在井道顶板下1.1 m左右处沿水平方向剔洞，放稳样板木支架，并且端部固定。

c. 样板架上各尺寸允许差为±0.3 mm，并严格检查，不得有扭曲现象。

（2）测量井道，确定标准线，由机房放样线10根。见图5-6。

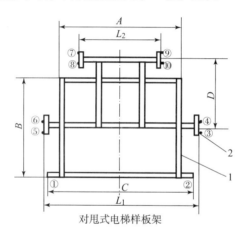

对甩式电梯样板架

图5-6　电梯样板架示例图

1—木条；2—吊线位置

5.2.3　导轨支架和导轨安装

1. 导轨与支架的安装

导轨与支架的安装是影响整个电梯运行质量的一个重要环节。

在样板架的工作线放下后，首先应检查井道壁，预留孔或预埋铁的位置及大小尺寸是否与土建要求相符。支架埋入孔的要求如下。

（1）每根导轨至少设有两个导轨支架，其间距不大于2.5 m。

（2）留孔大小尺寸要符合内大外小。

2. 导轨支架的安装

用膨胀螺栓固定导轨支架，混凝土电梯井壁没有预埋铁的情况下，多使用膨胀螺栓直接固定导轨支架。使用的膨胀螺栓的规格要符合电梯厂图样要求，若厂家没有要求，膨胀螺栓的规格不得小于M16 mm。支架应错开导轨接头200 mm以上，支架应安装水平，其下水平度不大于1.5%。

每根导轨应保证至少由两个支架支撑。导轨支架稳固后，不能碰撞，常温下经过6~7天的养护，达到规定强度后，才能安装导轨。见图5-7。

图5-7 导轨支架安装

3. 导轨的安装

在安装前对导轨进行检验，看有无外伤、弯曲变形等现象，然后将导轨用汽油或煤油逐一擦拭干净。见图5-8。

图5-8 导轨安装

对外伤或变形的地方应予以修复，其具体要求如下。

（1）每根导轨至少应有两个支架，两支架间距不得大于2.5 m。

（2）导轨公母头上面的杂物，应进行认真的清理。

（3）导轨架距导轨连接板不小于200 mm。

（4）距顶层楼板不大于0.5 m处应安装一支架。

（5）导轨下端应支撑在地面坚固的导轨座上。先将导轨固定在导轨支架，用压导板固定，螺栓用手上紧，方便校正。

（6）悬挂铅垂线，在每列导轨距中心端 5 mm 处悬挂一铅垂线。

（7）用卡板校正，先用粗卡校正，分别自下而上地粗校导轨，校导轨的 3 个工作面，与导轨铅垂线之间的偏差。

4. 导轨的检测和调整

经粗校调整后的导轨，还需要用精校卡尺对两列导轨的间距、垂直度、偏扭度进行检测和调整，要求如下。

（1）两列导轨端面上的间距偏差：轿厢导轨为 ±2 mm，对重导轨为 ±3 mm。

（2）每列导轨工作面（包括侧面、顶面）的安装基准线，每 5 m 偏差为 0.6 mm。

（3）导轨接头处缝隙应不大于 0.5 mm。

（4）用 300 mm 钢板尺靠在导轨表面，用塞规检测导轨接头处的台阶不应大于 0.05 mm。超过应修平，修光长度为 150 mm 以上，修光后的凸出量不大于 0.02 mm。

此外，导轨应用压板固定在导轨架上，不能用焊接或螺栓直接连接。

5.2.4　厅门、层门的安装

1. 电梯厅门、层门的安装

电梯厅门、层门的安装要求及工艺见图 5-9。

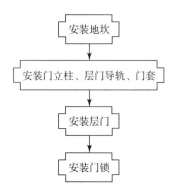

图 5-9　厅门、层门的安装步骤

设备、材料及作业条件如下。

（1）厅门部件应与图样相符，数量齐全。

（2）地坎、门滑道、厅门扇无变形，损坏，其他部件应完好无损、安全牢固。

（3）各层脚手架横杆位置不应妨碍稳装地坎。

（4）各层厅门口及脚手板上干净，无杂物，防护门安全可靠。

2. 厅门地坎安装

（1）根据电梯安装布置图，并按木制样板架以悬挂的铅垂线为依据，确定厅门门口位置及开门方向，将悬挂的铅垂线准确地稳固于底坑后，以轿厢导轨为基准，确定地坎的前后位置并定出地坎的中心位置。

（2）取出牛腿中预埋的木块，校正位置后放地坎下脚，然后用水泥埋设地坎，铝合金型材门地坎不设下脚。在埋设时应将水泥埋入地坎底部转角处。

（3）校正地坎的水平度不大于 2‰，地坎上平面的高度应高于楼面 2~5 mm。并将地坎前的楼面抹成 1:50 的斜坡，保养 3 天后再进行下道工序。

（4）厅门地坎至轿门地坎水平距离偏差为 +3 mm。

3. 厅门门框安装

厅门门框安装过程，见图5-10。

图5-10 厅门安装

（1）在井道壁预留孔中按规定位置，埋设地脚螺栓，保养后固定门框左右直档装上上坎架，厅门门框应横平竖直，其垂直度和水平度均不超过1%，上坎架的上坎中心与地坎滑槽的中心，应保持位置正确。

（2）挂上厅门门扇，重复校正各部分位置，调正门滑轮和门导靴，使得厅门在用手推动时，不产生跳动、抖动、噪声和冲击等现象。双折式厅门在开门后，应相互重叠，两门之间的间隙上下一致，保证净门的尺寸；中分式厅门关门时应在门口中心线处闭合，不得偏移，左右门应在垂直平面上，关门时应合缝，开启后也应保证开门宽度和尺寸。

①厅门门扇与门扇、门套与门扇、门扇下端与地坎的间隙，乘客电梯为 1~6 mm，载货电梯为 1~3 mm。

②在关门行程中 1/3 以后，阻止关门的力不超过 150 N。

③各扇单门装好后，拉动的力应小于 3 N，且各门拉力基本相同。

（3）调正厅门间隙。

①层门装好，门的滚轮及其相对运动部件，运动时应无卡阻现象。

②开门刀与层门地坎、门锁滚轮与轿厢地坎的间隙，应保证在 5~10 mm 范围内。

③层门与导轨底端面间隙为 0.5 mm。

④门扇下端距地坎间隙为不大于 6 mm，门垂度误差不大于 0.5 mm。

（4）门锁安装过程如下。

①根据轿门上开门刀片的中心，放一根铅垂线到底坑并稳固，然后沿铅垂线来确定门锁两只胶轮的中心。

②当各层站的厅门和门锁初步装好并调整后，将井道内的脚手架拆除，清理杂物，检查是否有影响电梯上下慢速试车运行的障碍物。

③在慢速试车时，逐层对厅门门锁位置进行精确的调整，再加以紧固。

④各门锁的位置应在同一直线上，并保证厅门关闭后，在厅门外不能用手扒开。

⑤安装厅门门钥匙，保证厅门从外面能借助钥匙开启。

⑥装厅门机械电气连锁行程开关，应保证动作灵活可靠。

厅门锁、厅门的安装标准如下。

①扇与门套之间的间隙为 ±1 mm。

②门扇下端与门坎上平面间隙为 5 ±1 mm。

③两扇门全闭合时，门的间隙为 2 mm 以内。

④门地坎中心与两扇门全关闭时的中心位置间隙为 1 mm 以下。

⑤两扇门全关闭时，在水平方向的倾斜度差距为 0.5 mm 以下。

⑥各层门门锁滚轮与轿厢地坎之间的间隙为 5 ~ 10 mm。

⑦调整开门刀片与各层层门地坎，使之保持在 5 ~ 10 mm 的间隙。

⑧开门刀片两侧与门锁开锁滚轮间隙为 3 mm。

⑨门锁在闭合时，应灵活轻巧，不能有太大的撞击声。

（5）层门必须是无孔的，当门关闭后，门扇之间或门扇与立柱、门楣和地坎之间的间隙应尽可能小。对于客梯，层门、轿门的门扇之间，门扇与门套之间，门套与地坎之间的间隙不得大于 6 mm；货梯不得大于 8 mm。在水平滑动门开启方向，以 150 N 的力，施加在最不利点上时，间隙应不大于 30 mm。层门、轿门运行不应卡阻、脱轨或在直行程终端时错位。轿门与闭合后的层门之间的水平距离，或各门之间在其整个正常操作期间的通行距离，不得大于 0.12 m。见图 5 – 11。

图 5 – 11　层门安装

井道内表面与轿厢地坎、轿门或门框的水平距离不大于 0.15 m。下列情况允许水平距离为 0.2 m，通常又分以下两种情况。

①在井道内表面局部一段距离不大于 0.5 m 的范围内。

②带有垂直滑动门的载货液压电梯和非商业用汽车液压电梯；轿门装有机械门锁且只能在开锁区内打开则可除外。

③层门的净高度不得小于 2 m，并且层门净进口宽度比轿厢净入口宽度在任何一侧的超出部分均不应大于 50 mm。

5.2.5　承重梁和曳引机的安装

1. 承重梁安装

机房承重梁担负着电梯传动部分的全部动负荷和静负荷，因此要可靠架设在坚固的墙或横梁上。其安装过程如下。

（1）曳引机承重梁安装前要除锈并刷防锈漆，交工前再刷成与机器颜色一致的装饰漆。

（2）根据样板架和曳引机安装图，在机房画出承重钢梁位置。

（3）安装曳引机承重钢梁，其两端必须放于井道承重墙或承重梁上，如需埋入承重墙内，则埋入墙内的厚度应超过墙中心 20 mm，且不应小于 75 mm，在曳引机承重钢梁与承重墙（或梁）之间，垫一块面积大于钢梁接触面、厚度不小于 16 mm 的钢板，并找平垫实，如果机房楼板是承重楼板，承重钢梁或配套曳引机可直接安装在混凝土机墩上。

（4）设备与钢梁连接使用螺栓时，必须按钢梁规格在钢梁翼下配以合适偏斜垫圈。钢梁上开孔必须圆整，稍大于螺栓外径，为保证孔规矩，不允许使用气焊割圆孔或长孔，应用磁力电钻钻孔。见图 5 – 12。

图 5 – 12　承重梁的安装

承重梁两端埋入墙内的深度必须超过墙厚中心 20 mm，且不小于 75 mm。承重梁的安装水平，每根承重梁的上面水平度应为 0.5‰，相邻之间的高度允许误差为 0.5 mm，承重梁相互平行度允许误差为 6 mm。

2. 导向轮的安装

在机房楼板或承重梁上，对准井道顶端样板架上的对重中心和轿厢中心各放一铅垂线，在导向轮两个侧面，根据导向轮宽度另放两根辅助铅垂线，在同一平面内使两辅助铅垂线连接垂直两中心连线，用以校正导向轮水平方向偏摆。

导向轮和曳引轮的平行度允差为不大于 ±1 mm。

导向轮的垂直度不大于 0.5 mm。

导向轮安装位置误差在前后方向为 ±0.5 mm，在左右方向为 1 mm。见图 5 – 13。

3. 曳引机的安装

曳引机的安装正确与否直接影响到电梯的工作质量，安装时必须严格把关。借用机房内顶上的预埋铁或铁环，把吊葫芦挂上去，然后把曳引机吊起，放在承重梁上的准确位置。

曳引机和导向轮安装位置的确定，首先要确定曳引轮和导向轮的拉力作用中心点，需根据引向轿厢或对重的绳槽而定。

若导向轮及曳引机已由制造厂家组装在同一底座上时，确定安装位置极为方便，在电梯出厂时，轿厢与对重中心距已完全确定，只要移动底座使曳引作用中心点吊下的垂线对

图 5 –13　导向轮安装

准轿厢（或轿轮）中心点，使导向轮作用中心点吊下的垂线对准对重（或对重轮）中心点，这项即已完成。然后将底座固定。

若曳引机与导向轮需在工地安装成套时，曳引机与导向轮的安装定位需要同时进行，其方法是，在曳引机及导向轮上，使曳引轮作用中心点吊下的线对准轿厢（或轿轮）中心点，使导向轮作用中心点吊下的垂线对准对重（或对重轮）中心点，并且始终保持不变，然后水平转动曳引机及导向轮，使两个轮平行，且相距（1/2）绳槽距，并进行固定。

曳引机与承重梁之间有减震装置，减震装置由上下两块与曳引机底盘尺寸相等，厚度为 16～20 mm 的减震橡皮垫构成，为防止位移应设置压板和挡板。曳引机座采用防震胶垫时，在其未挂曳引绳时，曳引轮外端面应向内倾斜，倾斜值视曳引机轮直径及载重量而定，一般为 +1 mm。待曳引轮挂绳承重后，再检测曳引机水平度和曳引轮垂直度是否满足标准要求。曳引机底盘的钢板与承重梁用螺栓或焊接方法成为一体。见图 5 –14。

曳引机安装位置的校正：校正前需在曳引机上方拉一根水平线，而且从该水平线悬挂下方放两根铅垂线，并分别对准井道上样板架标出的轿厢中心点和对重装置中心点。再根据曳引轮的节圆直径，在水平方向上再悬挂放下另一根铅垂线，根据轿厢中心铅垂线与曳引机的节圆直径铅垂线，去调整曳引机的安装位置，应达到以下要求。

（1）曳引轮位置偏差，前、后（向着对重）方向不应超过 ±2 mm。

（2）曳引轮的轴向水平度，从曳引轮缘上边放一根铅垂线，与下边轮缘的最大间隙应小于 0.5 mm。

（3）曳引轮与导向轮或复绕轮的平行度不大于 ±1 mm。

（4）曳引机安装好后，要求在靠近惯性轮位置的电动机端盖上，用红色油漆作标记，指示电梯的运行与方向，"上"与"下"。

图 5 - 14　曳引机的安装

5.2.6　轿厢的安装

轿厢是电梯的主要部件之一，一般轿厢的体积比较大，制造厂商把全部机件完成之后，经合装检查再拆成零件进行表面装潢处理，然后以零件的形式包装发货，因此轿厢的组装工作比较麻烦。轿厢是乘用人员的可见部件，装潢比较讲究，组装时必须避免磕碰划伤。

轿厢的组装工作一般多在上端站进行，因为上端站最靠近机房，组装过程中便于起吊部件，核对尺寸，与机房联系等。由于轿厢组装后位于井道的最上端，因此通过曳引钢丝绳和轿厢联结在一起的对重装置在组装时，就可以在井道底坑进行。对于轿厢和对重装置组装和挂曳引钢丝绳，通电试运行前对电气部分作检查和预调试，检查和预调试后的试运行等都是比较方便和安全的。其安装流程如图 5 - 15 所示。

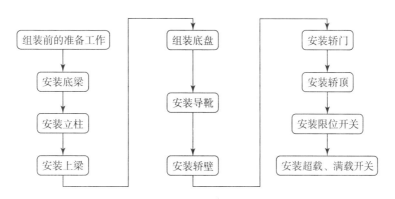

图 5 - 15　轿厢的安装流程

1. 脚手架的安装

将脚手架拆至顶层楼面以下约 400 mm 处，在门口对面的井道壁上，平行地凿两个孔洞，约 250 mm×250 mm，其宽度与厅门口的宽度一致，用截面不小于 200 mm×200 mm 的方木或 20 号槽钢作为支撑梁，将一端伸入孔内，另一段架于楼面上，校正水平后用加以固定。轿厢的安装是在机房下顶站进行的。见图 5–16。

图 5–16　轿厢支架

在机房露面上垫上方木，搁一段直径大于 50 mm 的圆钢，通过机房预留孔悬挂不小于 3 t 的电动或手动葫芦一只，用于吊装。在进入井道内进行轿厢拼装前需要穿戴好安全帽、安全带、防滑鞋，在机房内固定一条安全绳索，绳索下放入井道，在进入井道内进行拼装轿厢等作业时，需要把安全带的吊钩固定在安全绳索上面。其过程如下。

（1）将轿架下梁平放在支撑横梁上，校正下梁上平面的水平度不超过 2‰，上好安全钳座和缓冲板，导轨顶面和安全钳座之间的间隙应均匀，此时应稳固下梁，防止移动。

（2）将轿厢底板吊在下梁上，如需拼接。在此时进行，在支撑横梁和底板之间加调整片，调整底板的水平度不超过 3‰，用螺栓联结底板和下梁。

（3）竖起两侧直梁将其与下梁和底板联结紧固，调整直梁在其整个高度不超过 1.5 mm。

（4）吊起上梁，将其与两侧直梁用螺栓联结紧固（M16），再次校正直梁的垂直度，不允许有扭弯力矩。

2. 导靴安装

导靴有滚动和滑动两种。滑动导靴又分为弹簧式和固定式两种。高速电梯多采用滚动导靴；快速或低速电梯，采用弹簧式滑动导靴，或采用固定式无簧导靴。安装过程如下。

（1）将导靴在上下梁连接紧固，应吻合良好，不偏斜和不产生切割导轨的现象。

（2）无论轿厢导靴和对重导靴，上下四只导靴应位于同一垂直平面上。

（3）调整有簧导靴压力使其均匀，无簧导靴与导轨端面之间的间隙应均匀且左右不大于1 mm。

3. 安全钳安装

安全钳分为瞬时式和渐进式两种。当电梯额定速度超过0.63 m/s，轿厢采用渐进式安全钳；当额定速度不超过0.63 m/s，采用瞬时式安全钳。安装过程如下。

（1）安装位置与尺寸。安装在轿架下横梁两端的连接板上，螺栓螺母不必拧得过紧，尺寸见说明书。

（2）调整耐磨衬与导轨两侧的间隙，保证两侧间隙为2.5±0.1 mm，调整后将螺栓和螺母旋紧。

（3）将安全钳提拉杆螺栓旋到安全钳楔块上，使楔块提升0.5 mm，拉杆旋入的深度为18.25 mm，最后用螺母锁紧，防止提拉杆松动。

（4）用微小力提起拉杆，使两楔块同时接触导轨，在提升时不应有卡住的现象，达到工作位置时，楔块对导轨应有微夹紧现象，然后将楔块放到非工作面位置。

4. 轿壁安装

电梯轿壁分为前围壁、侧围壁、侧后围壁、后围壁等，其安装过程如下。

（1）轿厢壁板表面在出厂时贴有保护膜，在装配前应用裁纸刀清除其折弯部分的保护膜。

（2）拼装轿壁可根据井道内轿厢四周的净空尺寸情况，预先在层门口将单块轿壁组装成几大块，首先安放轿壁与井道间隙最小的一侧，并用螺栓与轿厢底盘初步固定，再依次安装其他各侧轿壁。待轿壁全部装完后，紧固轿壁板间及轿底间的固定螺栓，同时将各轿壁板间的嵌条和与轿顶接触的上平面整平。

（3）轿壁底座和轿厢底盘的连接及轿壁与轿壁底座之间的连接要紧密。各连接螺钉要加弹簧垫圈（以防因电梯的震动而使连接螺钉松动）。若因轿厢底盘局部不平而使轿壁底座下有缝隙时，要在缝隙处加调整垫片垫实。

（4）安装轿壁，可逐扇安装，亦可根据情况将几扇先拼在一起再安装。轿壁安装后再安装轿顶。但要注意轿顶和轿壁穿好连接螺钉后不要紧固。要在调整轿壁垂直度偏差不大于1/1 000的情况下逐个将螺钉紧固。

（5）安装完后要求接缝紧密，间隙一致，嵌条整齐，轿厢内壁应平整一致，各部位螺钉垫圈必须齐全，紧固牢靠。

有自动门机构的轿门其碰撞力小于150 N，且各层门撞力基本相同。门关闭后，门扇之间和门扇与门柱、门楣或地坎之间隙应尽可能小，客梯为1~6 mm，货梯为1~8 mm。

5. 轿顶及轿顶轮安装

（1）轿顶接线盒、线槽、电线管、安全保护开关等要按厂家安装图安装。若无具体安装要求规定，则根据保证功能、便于检修和易于安装的原则进行布置。

（2）安装、调整开门机构和传动机构使门在开关过程中有合理的速度变化，而又能在开关门到位时无冲击，并符合厂家的有关设计要求。若厂家无明确规定则按其功能可靠、运行灵活、安全高效的原则进行调整。一般开关门的平均速度为0.3 m/s，关门时限为

3.0～5.0 s，开门时限为2.5～4.0 s。

（3）轿顶上需能承受两个人同时上去工作，其构造必须达到在任何位置能承受2 kN的垂直力而无永久变形的要求。因此除尺寸很小的轿厢可做成框架形整体轿顶外，一般电梯均分成若干块，由独立的框架构件拼接而成。

（4）井道壁离轿顶外侧水平方向自由距离超过0.3 m时，轿顶应当装设护栏，并且满足以下要求：由扶手、0.10 m高的护脚板和位于护栏高度一半处的中间栏杆组成；当自由距离不大于0.85 m时，扶手高度不小于0.70 m，当自由距离大于0.85 m时，扶手高度不小于1.10 m；护栏装设在距轿顶边缘最大为0.15 m之内，并且其扶手外缘和井道中的任何部件之间的水平距离不小于0.10 m；护栏上有关于俯伏或斜靠护栏危险的警示符号或文字；护栏的固定必须坚固，各连接螺栓要加弹簧垫圈紧固，以防松动。

（5）平层传感器和开门传感器要根据传感原理和实际位置的定位来调整，要求横平竖直，各侧面应在同一垂直平面上，其垂直度偏差不大于1 mm。

轿顶轮根据钢丝绳绕法不同，在上梁上装绳头板或轿顶轮在装顶轮时，应调整其与轿架上梁之间的间隙。轿顶轮与上梁间的间隙相互差值不应超过1 mm，轿顶轮铅垂度不超过1 mm。

5.2.7　对重和曳引绳的安装

1. 对重装置的安装

对重装置用以平衡轿厢自重及部分起重量，见图5-17，其安装过程如下。

图5-17　对重的安装

（1）在安装时先拆去对重架上一边的上下各一只导靴，然后将对重架放入导轨再将拆下的导靴装上（如当轿厢支架与对重架在同一个组合件上，对重架先放入好）。

（2）在对重导轨中心处由底坑起约5 m高处，牢固地悬吊一只手拉葫芦，作为起吊对重装置用。

（3）轿厢在两端站平层位置时，对重底缓冲板或轿厢下梁缓冲板至缓冲器顶面间的距离 s 参照表5-2。

表 5 - 2　轿厢下梁至缓冲器距离设定

额定速度/(m·s^{-1})	所用的缓冲器	s 值/mm
0.5 ~ 1	弹簧	200 ~ 350
1.5 ~ 3.0	油压	150 ~ 400

（4）吊起的对重架至选定的 s 值高度位置，用木柱垫好，接着安装上下导靴。

（5）待钢丝绳装好，去掉木桩后，装上安全栅栏，其底部距地不大于 300 mm，顶部距地不小于 2 500 mm，且宽度至少等于运动部件需保护部分的宽度每边各加 100 mm。

（6）将对重块逐一加入架内；对重的总重量 = 轿厢自重 +（40 ~ 50)％额定起重量，用压紧装置将对重块固定。

2. 曳引钢丝绳的安装

安装曳引钢丝绳时，需要截取曳引绳，然后再安装。其过程如下。

（1）曳引绳截取的长度必须根据电梯安装实际情况定，轿厢位于顶层位置，对重位于底层距缓冲器行程处 s 的位置，采用 2 mm 的铅丝由轿架上梁起通过机房内，绕至对重上部的钢丝绳锥套组合处作实际测量，加上轿厢在安装时实际位置高出最高楼层面的一段距离，并加 0.5 mm 的余量，即为曳引绳的所需长度。

绳长 L 用下列公式确定

单绕式：$\qquad\qquad\qquad L = 0.996 \times (x + 2z + q)$

复绕式：$\qquad\qquad\qquad L = 0.996 \times (x + 2z + 2q)$

式中：z——钢丝绳在椎体内的长度（包括钢丝绳在绳头锥套内回弯部分），m；

　　　Q——轿厢地坎高出厅门地坎的高度。

用 2.5 mm^2 以上的铜线从轿厢绕过曳引轮导向轮至对重的方法，测量轿厢绳头椎体出口至对重绳头椎体出口的长度为 x。

（2）截绳时，先用汽油将绳擦干净，并检查有无打结、扭曲、松股等现象。最好在地上预拉伸，以消除内应力，或者在挂绳时一端与轿架上梁固定后，另一端自由悬挂，也能起到部分消除内应力的作用。

（3）为避免截取时绳股松散，应先用 22 号铅丝分三段扎紧，然后再截断。

（4）用汽油清洗锥套，再将绳穿入，解开绳端的铅丝，将各股钢丝松散拧成花结或回环。接着将做好的绳套拉入锥套内，钢丝不得露出锥套。将巴氏合金加热到 270 ℃ ~ 350 ℃（即颜色变成发黄的程度），去除渣滓，同时把锥套预热到 40 ℃ ~ 50 ℃，此时即可浇灌，位置应高出锥套浇口面 10 ~ 15 mm。钢丝绳及其锥套的结合处，至少应该承受钢丝绳最小破断负荷的 80％。

（5）挂曳引绳，将绳从轿厢顶起通过机房楼板绕过曳引轮的导向轮，至对重上端，两端连接牢靠。

（6）曳引绳挂好后，用井道顶的葫芦提起轿厢，拆除托轿厢的横梁，将轿厢缓慢放下，放下后初步调整绳头组合螺母，然后在电梯运行一段时间后再调整曳引绳，使每根曳引绳均匀受力。其张力与平均值偏差均不大于 5％，且每个绳头锁紧螺母均应安装有锁紧销。

3. 缓冲器的安装

缓冲器分为弹簧缓冲器（蓄能型缓冲器）和油压缓冲器（耗能型缓冲器）两种，蓄能型缓冲器适用于 $v \leqslant 1$ m/s 的电梯，耗能型缓冲器适用于任何额定速度。

1）越程

（1）轿厢下越程：轿底平面与底层平面地坪平齐时，轿底梁缓冲板到缓冲器顶面的距离为越程。当使用弹簧缓冲器时，此越程为 200~350 mm；当使用油压缓冲器时，越程为 150~400 mm。

（2）对重下越程：轿底平面与顶地坪平齐时，对重架缓冲板至缓冲器顶面距离为越程。弹簧缓冲器的越程为 200~350 mm；油压缓冲器的越程为 150~400 mm。

2）安装缓冲器的技术要求

按电梯土建总布置图给定的平面位置，对于有底坑槽钢的电梯，通过螺栓把缓冲器固定在底坑槽钢上，没设底坑槽钢的电梯，砌混凝土墩将缓冲器按照越程要求架起，固定采用地脚螺栓或膨胀螺栓。

3）安装缓冲器的技术要求

（1）缓冲器中心对轿底梁缓冲板或对重架缓冲板的中心偏移不得超过 20 mm。

（2）在同一基础上安装两个缓冲器时，其顶面相对高度差不得超过 2 mm。

（3）油压缓冲器活动柱塞的铅垂度差值不应超过 0.5 mm，充液量正确。

4. 限速器及张紧轮的安装

（1）限速器在出厂之前已经严格测试检查，已规定了使用速度范围，安装时不得随意调整限速器的弹簧压力，以免影响限速器的动作速度。

（2）限速器是限制电梯轿厢超速下行的安全装置，当电梯速度超过限速器动作的速度时，限速器动作，限速器动作后即将限速器钢丝绳扎住，并同时将安全钳开关断开，使曳引机和制动器失电，停止运行。如轿厢因失控或打滑而继续下坠，限速器就拉动安全钳拉杆，使安全钳动作，将轿厢牢牢固定在导轨上。

（3）在承重梁或机房楼板上装限速器。限速器定位的方法是：限速器钢丝绳直径中心计算的限速器绳槽内悬下铅垂线，通过机房楼板顶预留孔和轿厢架上绳头拉手孔，再与底坑张紧装置的轮槽对正。

（4）限速器钢丝绳的连接采用小锥套，其工艺与曳引钢丝绳相同。

（5）限速器和张紧轮装置的安装应使限速器绳轮的铅垂度不超过 0.5 mm。绳索至导轨的距离的偏差均不应超过 10 mm。

（6）调整张紧轮装置的送绳安全开关到适当位置，当绳索伸长或拉断时应能断开控制电路，迫使电梯停止运行。

（7）绳索张紧装置底面距底坑地面的高度为 450 ± 50 mm。

（8）限速器动作速度不低于额定速度的 115%，且小于下列数值。

①0.8 m/s：滚柱式以外的瞬时式安全钳。

②1.0 m/s：滚柱式的瞬时式安全钳。

③1.5 m/s：用于额定速度（v）不超过 1.0 m/s 的渐进式安全钳。

④$1.25v + 0.25v$：用于电梯额定速度超过 1.0 m/s 的渐进式安全钳。

（9）限速器上应标明与安全钳动作相应的旋转方向。

（10）限速器动作时，限速器绳的张紧力至少应为以下两个值中的较大值：300 N 和安全钳起作用所需力的两倍。

（11）张紧设备的轮架，应保证在导轨上灵活运动。

5.2.8 补偿链的安装

当电梯提升高度超过 30 m 时，应采用补偿链，其一端连接在对重下部，另一段连接在轿厢架下部。补偿链的长度 L＝提升高度 ＋5 000 mm，在安装时链条中应穿入补偿链护套以减小噪音和磨损。补偿链的安装通常在电梯调试时进行。

5.3 电气设备的安装

5.3.1 井道内电气设备的安装

1. 电线槽或管敷设

（1）线槽或管装于厅门口内侧墙上，在机房楼板管槽预留孔上 25 mm 处放下一根铅垂线，并在底坑内固定，为安装线槽或管校正用。

（2）电锤打孔，固定膨胀螺栓。

（3）测量每层的标高，在每层的召唤箱、层楼指示相对应的位置处，根据电线数量选择适当的开孔刀口，连接金属软管与电线管。

（4）按照接线图上电线数量，将电线放入线槽内，电线两端标明线号，分别穿过金属软管，与各层楼指示、召唤按钮箱、厅门机械电气连锁等装置连接。

（5）线槽与金属软管用接头形成直角连接，井道中间接线盒与电控屏之间亦用线槽连接。

2. 敷设导线时的注意事项

（1）导线数量应留有充足的余量，对电线槽敷设电线的总面积（包括绝缘层）不应超过线槽内净面积的 60%。

（2）对于按钮，接近开关等易受外界信号干扰的线路，应采用金属屏蔽线，以避免相互干扰发生失误动作。

（3）动力和控制线路要分别敷设，导线出入金属管口或通过金属板壁处应加强绝缘和光滑护口的保护。

（4）应采用不同颜色的电线，使用单色电线时，需在电线两端刻上接线标记。

3. 层楼指示、召唤箱、消防按钮的安装

先将接线盒中电器零件拆出，妥善保管，按布置图要求将接线盒平地埋灌在墙上，用水泥砂浆将接线盒边与墙抹平，测量金属软管长度，将导线与线槽（或接线盒）相连接，再将电气零件装好，按号接线，最后将面板装好。

4. 电缆的安装

（1）在轿厢架下梁和井道壁上把电缆架固定好，井道电缆架装在提升高度一半再加 1.5 m 高度的井道壁上，用地脚螺栓固定。

（2）将电缆一端与轿底电缆架连接，另一端与井道电缆架连接，电缆弯曲半径不小于 400 mm，两端留出结扎的长度。

（3）电缆长度要合适，当轿厢在底层，电缆不得与底坑的缓冲器相碰。当轿厢撞顶或蹲地时，电缆不致拉紧。要有足够的垂挂长度，电缆挂上电缆架后，用 20 号铅丝扎紧，使电缆与套筒之间无转动，捆绑长度约为 30 mm，然后回弯，再用铅丝扎紧一次，使捆绑牢固。

5. 井道中间接线盒的安装

当井道电缆架设于井道中间位置时，在井道电缆的上方 200 mm 处装设井道中间接线盒。用地脚螺栓固定于井道壁上。

6. 轿顶电气设备安装

1）轿顶接线盒的安装

轿顶接线盒位于轿顶轿门侧，用螺栓连接在轿顶板上，轿厢电缆电线汇总于该箱，再分别接操纵箱、轿顶开门机等的管线。

2）限位开关的安装

限位开关是防止轿厢在最高层和最低层超程行驶的限位装置，当轿厢位于最高层、最低层超程 40～70 mm 处即起作用，切断控制回路，促使轿厢停止运行。

3）端站强迫减速装置的安装

当干簧传感器失误时，防止轿厢行驶至最高层、最低层，需要安装防止快速撞顶蹲地的强迫减速装置。该装置安装在交流电梯井道内轿厢导轨架上，利用轿厢架立柱的碰铁工作，在顶层和底层各装一个。

当电梯速度大于或等于 1.6 m/s 时，顶层和底层各装两只（多层、单层），其位置与选层器的最高或最低层换接位置相对应。

用双稳态磁开关时，将双稳态开关装在轿厢导轨侧的上方，并将磁铁装在对应双稳态磁开关未知的导轨两侧，其作用同上。

4）平层器的安装

平层器位于轿顶上梁下侧固定架上，利用装在各层轿厢导轨上插板，使干簧传感器动作，控制平层开门。在调整好厅门与轿厢地坎的间隙后，调整干簧传感器与插板间隙相一致。用双稳态磁开关时，装法同上。

5）安全钳联动开关的安装

在轿厢上梁上安装安全钳联动开关，当电梯向下方向超速行驶，安全钳动作，使开关断开，切断电梯控制回路的电源。

5.3.2 机房电气设备的安装

1. 控制柜

根据布置图的要求，控制柜位置一般应远离门窗，与门窗、墙的距离不小于 600～700 mm，离地 300 mm，以便操作和检修，封闭侧不小于 50 mm。

2. 极限开关

极限开关用于交流电梯，装于机房电源板上，当轿厢运动超过上下极限工作位置时，位于轿顶部的挡板压动井道里行程开关或牵引钢丝绳连杆，使极限开关断开，以切断总电源。

（1）当轿厢超过上下极限工作位置 150～200 mm 时，极限开关必须发生作用。

（2）极限开关应保持灵活可靠，并通过实验，以确定其能正常工作。

3. 电梯总开关

电源总开关应尽可能装在靠近机房出入口内的墙上，通常此电源总开关由用户自备，在土建设计施工时予以考虑。

4. 机房布线

根据接线图规定线数号码，选择线槽或穿管规格并按端子板线号接线，起线要平直，线头要干净，连接要可靠，导线不得有露出或与线槽有短接现象。

5. 接地

从进机房电源起零线和接地线应始终分开，接地线的颜色为黄绿双色绝缘电线，除36 V 以下安全电压外的电气设备金属罩壳，均应设有易于识别的接地端，且应有良好的接地。接地线应分别直接连接到接地线柱上，不得互相串接后再接地。

5.4 电梯的调试及安装验收

电梯的种类很多，控制方式各不相同，但调试的要求和方法都应符合电梯制造与安装安全规范和电梯安装验收规范的有关规定。

5.4.1 调试前的准备工作

1. 机房内曳引钢丝绳与楼板等孔洞的处理

机房内曳引钢线绳与楼板孔洞每边间隙应为 20~40 mm，通向井道的孔洞四周应筑一高度 50 mm 以上、宽度适当的台阶。限速器钢丝绳、选层器钢带、极限开关钢丝绳通过机房楼板时的孔洞与曳引钢丝绳同样要求处理。

2. 清除调试电梯的一切障碍物

（1）拆除井道中余留的脚手架和安装电梯时留下的杂物，如样板架等，清除井道、地坑内的杂物和垃圾。

（2）清除轿厢内，轿顶上，轿门、层门地坎槽中的杂物和垃圾。

（3）清除一切阻碍电梯运动的物件。

3. 安全检查

在轿厢与对重悬挂在曳引轮上后，在拆除起吊轿厢手拉葫芦和保险钢丝绳前，电梯轿厢必须已装好可靠的限速器———安全钳超速保护安全装置，以防万一轿厢打滑下坠，酿成事故。这是一个先决条件，否则就不能拆除保险钢丝绳和动车。

4. 润滑工作

（1）按规定对曳引电动机轴承、减速器、限速器及张紧轮等传动装置进行加油润滑，所加润滑剂应符合电梯出厂说明规定的要求。

（2）按规定对轿厢导轨、对重导轨、门导轨及门滑轮进行润滑（滚轮式导靴只对其轴承润滑，导轨上不必加油）。

（3）对安全钳的拉杆机构应润滑并试验其动作是否灵活可靠。

（4）对液压式缓冲器调试前应对缓冲器加注工厂设计规定的液压油或其他适用的油类（一般为 HJ - 5 或 HJ - 10 机械油）。

5.4.2 调试前的电气检查

（1）测量电源电压，其波动值应不超过 ±7%。

（2）检查控制柜及其他电气设备的接线是否有接错、漏接或虚接。

（3）检查各路熔断器内的熔断丝的容量是否合理。

（4）检查轿厢操纵按钮动作是否灵活，信号显示清晰，控制功能正确有效。检查呼梯楼层显示等信号系统功能是否有效，指示正确，功能无误。

（5）按照规范的要求，检查电气安全装置是否可靠，其内容包括以下几点。

①检修门、安全门及检修活板门关闭位置安全触点是否可靠。

②检查层门、轿门锁闭状况、关闭位置时机电连锁开关触点的可靠性。

③检查轿门安全触点或电子接近开关的可靠性。

④检查补偿绳张紧装置的电气触点的可靠性。

⑤检查限速绳张紧装置的电气触点的可靠性。

⑥检查限速器是否能按要求动作，切断安全钳开关使曳引机与制动器断电。

⑦检查缓冲器复位装置电气触点的可靠性。

⑧检查端站减速开关、限位开关的可靠性。

⑨检查极限开关的可靠性。

⑩检查检修运行开关、紧急电动运行开关、急停开关等的可靠性。

⑪检查轿厢钥匙开关和每台电梯主开关控制的可靠性。

⑫检查轿厢平层或再平层电气触点或线路动作的可靠性。

⑬检查选层器钢带保护开关的可靠性。

5.4.3 调试前的机械部件检查

（1）检查控制柜的上、下车机械限位是否调节合适。

（2）检查限速轮、选层器钢带轮的旋转方向是否符合运行要求。选层器钢带是否张紧，且运行时不与轿厢或对重相碰触。

（3）检查导靴与导轨的接合情况是否符合要求。

（4）检查安全钳及连杆机构能否灵活动作，要求两侧安全钳楔块能同时动作，并且间隙相等。

（5）检查限速器钢丝绳与轿厢安全拉杆等连接部位，连接牢固可靠，动作迅速灵活。

（6）检查端站减速开关、限位开关、极限开关的碰轮与轿厢撞弓的相对位置是否正确，动作是否灵活和能否正确复位。

5.4.4 主要部件的调试

1. 制动器

电梯曳引机所配制动器都是常闭式双瓦块直流电磁制动器。通常应在曳引绳未挂上前调整到符合要求的程度，电梯试运转前应再次复校。直流电梯与交流电梯制动器的外形基本相似，但具体构造稍有差异。现以交流电梯的电磁制动器为例，列出制动器的调试步骤。

（1）调整制动器电源的直流电压：正常起动时制动器线口卷两端电压为 110 V，串入分压电阻（ER1）后为 55±5 V，此电压适用于一般双速电动机用制动器，其他类型的电梯制动器的电压如非 110 V 时，应按要求另定端电压数进行调试。

（2）适当调节制动力调节螺母使制动器有一定的制动力，防止电梯停车时发生滑移情况。

（3）将间隙均匀调节螺栓和制动声音调节螺栓适当放松，再调节间隙大小螺母，使制动闸瓦与制动轮在线口卷通电时有一定间隙。

（4）调节螺栓，使制动器通电时制动轮与闸瓦四周间隙均匀相等。

（5）调节螺母，使制动轮与闸瓦在松闸时间隙不大于 0.7 mm（0.15~0.7 mm）。

（6）调节螺栓，使制动器动作时声音减小到最轻为止。

按上述步骤反复调整，达到要求后将所有防松螺母拧紧，以防受震动后松开而影响制动性能。

2. 自动门机

其调试过程如下。

（1）测量进线端（X_{11}、X_{12}）的直流电压为 110 V，如无电压或电压不对应检查整流电路。

（2）将定子电压调节电阻（R_{MQ}）和转子电压调节电阻（R_{MD}）预先调至中间位置。

（3）接通电源，根据开、关门驱动力的大小来调节定子和转子的电压、调节电阻的阻值，使驱动力适中。

（4）调节关门分流电阻（R_{GM}）使关门时有明显的二次减速，分流电阻阻值大，转子转速高，反之则转速低。同时调节两只关门限位开关位置，使关门速度换速平稳。

（5）调节开门分流电阻（R_{KM}）使开门时有明显的一次减速，如转速太高可再减小阻值，反之增加阻值。同时调节开门限位开关位置，使开门换速平稳。

（6）调节开、关门终端限位，使开、关门到位后门机自动停止，并要求无明显碰撞声。

按以上步骤调节时，可在未带层门时先粗调一次，带上层门后再进一步调试至满足要求。自动门机调试完成后，应检查安全触板或电子接近保护是否起作用，反应是否灵敏。

5.4.5 电梯的整机运行调试

在电梯运行之前，应拆除对重下面的垫块、轿厢的吊钩及保险装置，并做好人员安排，一般机房内 1~2 名，轿厢内 1 名，轿顶上 1~2 名，应各负其责不得擅自离开，一切行动应听从轿顶人员指挥。以检修速度上、下开一个行程，检查和调整以下项目（注意交流双速电动机慢速连续运转时间不应超过 3 min，如整个行程时间超过 3 min，应间断运行）。

（1）检查并排除井道内所有影响电梯运行的杂物，注意轿顶人员的自身安全。

（2）检查电梯运行部件之间及其与静止部件之间的间隙，是否符合要求（如与井道墙壁、厅站地坎、对重支架等）。

（3）检查电梯制动器动作情况，如不符合要求，再按前面所叙述的步骤及要求重新调整。

（4）检查轿顶各感应器与相应感应板的相对位置。

（5）检查选层器钢带、限速器钢丝绳及补偿装置、电缆等随轿厢和对重的运行情况。

（6）调整轿门上开门刀片与各层层门门锁滚轮的相对位置，及检查各层层门的开、关门情况。

（7）调节端站限位开关的高低位置，使轿厢地坎与该层层站地坎停平后，正好切断顺向控制回路。

（8）调节上、下极限开关碰轮的位置，应使极限开关在轿厢或对重接触缓冲器之前起作用，并在缓冲器被压缩期间保持其动作状态。即极限开关此时能切断总电源，使轿厢停止运动。调节时可暂时跨接端站的顺向限位开关，调节妥当后应立即拆除跨接线。

（9）检查轿厢及对重架的缓冲碰板至缓冲器上平面的缓冲距离（对弹簧式缓冲器此距离为 200 ~ 350 mm；对液压式缓冲器此距离应为 150 ~ 400 mm），以及缓冲器与碰板中心的位置偏差，应满足安装要求。

5.4.6　电梯的安装验收试验

正式进入安装验收试验工作，其试验项目如下所述。

1. 曳引检查

1）检查电梯平衡系数应为 40% ~ 50%

轿厢分别以空载和额定载荷的 25%、40%、50%、75%、100%、110% 作上、下运行，当轿厢与对重运行到同一水平位置时对交流电动机测量电流（或转速），对于直流电动机测量电流并同时测量电压（或转速）。用绘制电流 - 负荷曲线（或速度 - 负荷曲线），以向上、向下运行曲线的交点来确定平衡系数。

2）检查曳引能力

在相应于电梯最严重的制动情况下，停车数次，进行曳引检查，每次试验，轿厢应完全停止。

试验方法如下。

（1）行程上部范围内，上行，轿厢空载。

（2）行程下部范围内，轿厢内载有 125% 额定载荷，以正常运行速度下行，切断电动机与制动器供电。

（3）当对重支撑在被其压缩的缓冲器上时，空载轿厢不能向上提起。

（4）当轿厢面积不能限制载荷超过额定值及额定载重量时，要求计算的载货电梯、病床电梯及非商业用汽车电梯，需再用 150% 额定载荷做曳引静载检查，历时 10 min，曳引绳无打滑现象。

2. 限速器

限速器应运转平稳，制动可靠，封记应完好无损。

3. 安全钳

1）轿厢安全钳

在动态试验过程中，轿厢安全钳应动作可靠，使轿厢支撑在导轨上。在试验之后，未出现影响电梯正常使用的损坏。

2）对重安全钳

如因电梯井道底坑还有人可能到达的空间时，对重亦应设置安全钳，如该安全钳由限速器操纵，可用与轿厢安全钳相同的方法进行试验。对无限速器操纵的对重安全钳，应进行动态试验。

3）安全钳的试验方法

轿厢安全钳的试验，应在轿厢下行期间进行。

（1）瞬时式安全钳：轿厢应载有均匀分布的额定载荷并在检修速度时进行。复验或定期检验时，各种安全钳均采用空轿厢，在平层或检修速度下进行。

（2）渐进式安全钳：轿厢应载有均匀分布125%的额定载荷，在平层速度或检修速度下进行。以上试验轿厢应可靠制动，且在载荷试验后相对于原正常位置轿厢底倾斜度不超过5%。

（3）试验完毕后：应将轿厢向上提升或用专用工具使安全钳复位，同时将安全钳开关也复位，并检查修复由于试验而损坏的导轨表面，并做好记录。

（4）渐进式安全钳应保留一定的制动距离。

如制动距离过小，则减速度过大，人体难以承受；如制动距离过大，则其安全性能就会受到影响。

4. 缓冲器

1）液压、弹簧缓冲器负载试验

在轿厢以额定载荷和额定速度下，对重以轿厢空载和额定速度下分别碰撞液压缓冲器，载有额定载重量的轿厢压在蓄能型缓冲器（或各缓冲器）上，悬挂绳松弛，缓冲器应平稳，零件应无损伤或明显变形。

2）液压缓冲器复位试验

在轿厢空载的情况下进行，以检修速度下降将缓冲器全压缩，从轿厢开始离开缓冲器一瞬间起，直到缓冲器恢复到原状上，所需时间应少于120 s。

5. 校验轿厢内的报警装置

安装位置应符合设计规定，报警功能可靠。

6. 运行试验

（1）轿厢分别以空载，50%额定载荷和额定载荷三种工况并在通电持续率40%情况下，达到全行程范围，按120次/h，每天不少于8 h，各起制动运行1 000次，电梯应运行平稳，制动可靠，连续运行无故障。

（2）制动器温升不超过60 K，曳引机减速器温升不超过60 K，其温度不超过85 ℃，电动机温升不超过《交流电梯电动机通用技术条件》（GB/T 12974—2012）的规定。

（3）曳引机减速器，除蜗杆轴伸出一端漏油面积平均每小时不超过150 cm²外，其余各处不得有渗漏油。

（4）乘客电梯起、制动应平稳迅速，起、制动加、减速度最大值均不大于1.5 m/s²，额定速度1 m/s$<v≤$2 m/s的电梯平均加、减速度不小于0.48 m/s²，额定速度为2.0 m/s$<$$v≤$2.5 m/s的电梯平均加、减速度应不小于0.65 m/s²。

（5）乘客电梯与病床电梯的轿厢运行应平稳，水平方向和垂直方向振动加速度应分别

不大于 25 cm/s^2 和 15 cm/s^2。

（6）控制柜、电动机、曳引机工作应正常，电压、电流实测最大值应符合相应的规定；平衡载荷运行试验，上、下方向的电流值应基本相符，其差值不应超过 5%。

7. 超载试验

电梯在 110% 的额定载荷、断开超载控制电路，通电持续率 40% 情况下，运行 30 min，电梯应能可靠地起动、运行和停止，制动可靠，曳引机工作正常。

8. 额定速度试验

轿厢加入平衡载荷，向下运行至行程中段（除去加速和减速段）时的速度不得大于额定速度的 105%，宜不小于额定速度的 92%。

9. 平层准确度试验

1）调节舒适感

（1）在进行平层准确度试验前，应先将电梯的舒适感调节好。

（2）电梯舒适感与其起、制动加、减速度值的大小有关，同时还与电动机的负载特性，加、减速度的时间及换速、制动特性等有关。其中电动机的负载特性主要取决于电动机本身的性能，但可通过起动电阻作一定范围的调节；加、减速度的时间可通过并接起动电阻值的大小和接入时间来加以调节。一般交流电梯采用延时继电器和阻容延时电路来解决，只须调节延时继电器的气囊放气时间或延时电路中的电阻和电容的数值，便可达到要求。

换速特性须调节换速时间，一般电梯可通过井道上、下减速感应板或选层器的上、下减速触点的位置来解决。若换速过早将导致电梯的运载能力下降，而换速过迟则减速度过大，舒适感就差。

制动器性能可通过调节制动器弹簧的压紧力而达到要求。制动特性过硬时制动力大，制动可靠，但舒适感差；反之，当制动特性软时，虽然舒适感较好，但电梯在额定负载或空载情况下易产生滑车状态对安全可靠性产生影响。

2）调整平层准确度

电梯在调整好舒适感后即可进行平层准确度的调整和试验。在轿厢内装入平衡重量，先调整上端站与下端站及中间层站的平层准确度。此时可通过移动轿顶感应器支架位置以及井道内相应层感应板的位置进行调节。这三点调整好以后，再调整其余各层楼的平层准确度，此时只允许调节井道各层感应板的位置来达到平层准确度要求。各类电梯轿厢的平层准确度应满足以下规定。

$v \leq 0.63$ m/s 的交流双速电梯，在 ± 15 mm 的范围内；0.63 m/s $< v \leq 1.00$ m/s 的交流双速电梯，在 ± 30 mm 的范围内；$v \leq 2.5$ m/s 的各类交流调速电梯和直流电梯均在 ± 15 mm 的范围内；$v \geq 2.5$ m/s 的电梯应满足生产厂家的设计要求。

10. 噪声试验

（1）各机构和电气设备在工作时不得有异常撞击声或响声。乘客电梯与病床电梯的总噪声应符合国标规定值。载货电梯还要考核机房噪声值。对于 $v = 2.5$ m/s 的乘客电梯，运行中轿内噪声最大值不应大于 60 dB（A）。

（2）噪声测试方法。

①轿厢运行噪声测试中央。传声器置于轿厢内中央距轿厢地面高 1.5 s。

②开关门过程的噪声测试。传声器分别置于层门和轿厢门宽度的中央，距门 0.24 m，距地面高 1.5 m。

③机房及发电机房噪声测试。传声器在机房中，距地面高 1.5 m，距声源 1 m 处，测 4 点。在声源上部 1 m 处测点。共测 5 点，峰值除外。

（3）测试结果的计算与评定。

①测试中声级计采用 A 计权，快挡。

②轿厢运行噪声以额定速度上行、下行，取最大值。

③开、关门过程噪声，以开、关门过程的峰值作评定依据。

④机房噪声，以噪声测试的最大值作评定依据。

11. 电梯的可靠性

电梯的可靠性应符合国标的技术规定。

（1）整机可靠性检验为交付使用后的电梯，起、制动运行 60 000 次中发生失效（故障）的次数，应符合国标规定。

（2）电梯每次失效（故障）允许的修复时间不得超过 1 h。

（3）失效（故障）、失效（故障）次数，修复时间及其检验的规定应符合国标中的规定。

5.4.7　电梯的验收检验要求

电梯在验收检验前，应对电梯及其环境清理干净。机房、井道与底坑均不应有与电梯无关的其他设施，底坑不应渗水、积水。此外还应符合下述条件。

机房应贴有发生困人故障时的救援步骤、方法和轿厢移动装置使用的详细说明。松闸板手应漆成红色，盘车手轮应涂成黄色。可以拆卸的盘车手轮应放置在机房内容易接近的明显部位。在电动机或盘车手轮上应有与轿厢升降方向相对应的标志。

系统接地应根据供电系统采用符合电业要求的形式，在三相五线制和三相四线制供电系统中应分别采用 TN – S 和 TN – C – S 形式。采用 TN – C – S 形式时，进入机房，其中性线（N）与保护线（PE）应始终分开。易于意外带电的部件与机房接地端连接性应良好，它们之间的电阻值不大于 5 Ω。在 TN 供电系统中，严禁电气设备外壳单独接地。电梯轿厢可利用随行电缆的钢芯或芯线作保护线，采用电缆芯线作保护线时不得少于 2 根。

导体之间和导体对地的绝缘电阻，动力电路和电气安全装置电路不小于 0.5 MΩ；照明电路和其他电路不小于 0.25 MΩ。

电气元器件标志和导线端子编号或接插件编号应清晰，并与技术资料相符。电气元器件工作正常。每台电梯配备的供电系统断相、错相保护装置在电梯运行中也应起保护作用（对变频变压控制的电梯只要断相保护功能有效）。

曳引机工作正常，各机械活动部位应按说明书要求加注润滑油，油量适当，除蜗杆伸出端外无渗漏。曳引轮应涂成（或部分涂成）黄色。同一机房内有多台电梯时，各台曳引机、主开关等应有编号区分。制动器动作灵活，工作可靠，制动时两侧闸瓦应紧密、均匀地贴合在制动轮工作面上，松闸后制动轮与闸瓦不发生摩擦。

各安全装置齐全，位置正确，功能有效，能可靠地保证电梯安全运行。

5.4.8　电梯验收检验申请及相关要求

电梯安装、大修、改造结束后，经施工单位自检，其质量和安全性能合格并出具自检报告书后，由使用单位向规定的监督检验机构提出验收检验申请。

使用单位向监督检验机构申请验收检验时，应提供以下资料。

（1）《特种设备注册登记表》（每部2份）。

（2）改变原施工方案进行施工及有关隐蔽工程情况记录。

（3）制造单位应提供的资料。

①装箱单。

②产品出厂合格证。

③机房、井道布置图。

④使用维护说明书（含电梯润滑汇总图表及标准功能表）。

⑤动力电路和安全电路电气原理图及符号说明。

⑥电气接线图。

⑦部件安装图。

⑧安装说明书。

⑨安全部件：门锁装置、限速器、安全钳及缓冲器形式试验报告结论副本，其中限速器与渐进式安全钳还须有调试证书副本。

（4）安装（修理）单位应提供的资料如下。

①施工情况记录和自检报告。

②安装过程中事故记录与处理报告。

③由电梯使用单位提出，经制造单位同意的变更设计证明文件。

（5）改造单位应提供的资料。

改造单位除提供上述③、④两项资料外，还应提供以下资料。

①改造部分清单。

②主要部件合格证、形式试验报告副本。

③必要时提供图样和计算资料。

（6）对使用单位的要求。使用单位必须制定以岗位责任制为核心的电梯使用安全管理制度，并予以严格执行，这些制度应包括以下内容。

①安全操作规程。

②维护保养制度。

③岗位责任制及交接班制度。

④操作证管理及培训制度。

⑤故障状态救援操作规程。

⑥电梯钥匙使用保管制度。

⑦常规检查及定期报检制度。

⑧技术档案管理。

根据电梯种类的不同，上述制度可作相应取舍。以上对使用单位的要求也适合于液压电梯和杂物电梯的用户。

5.5　电梯的常见故障与排除

电梯因由不同制造厂生产，所以在机械结构、电气线路等方面有差异。本节所介绍的常见故障排除，主要针对当前国内大量使用的可编程序控制器（PLC）及继电器控制的电梯而言，对其他方式控制的电梯，引用时必须结合具体情况，采用切合实际的正确方法，才能迅速、有效地排除电梯故障。

5.5.1　电梯的维修安全与技术要点

（1）多人配合维修电梯时，要做到思想集中，相互之间有呼有应，做好配合工作。

（2）如果要用三角钥匙打开厅门，一定要看清楚轿厢的位置，不要想当然地认为电梯一定就在什么位置。

（3）打开厅门进入轿顶时，不能立即关门，首先要把检修开关置于检修档，按下急停开关，打开轿顶灯，在轿顶站稳后方能关上厅门。

（4）出轿顶时，首先要打开厅门，再将轿顶检修开关、急停开关、照明开关等一一复位，到达厅外后再关上厅门（如果人站立在厅外能操作到以上开关，应站到厅外后再复位以上开关）。

（5）轿厢运行时，不要把身体探到栏杆之外。不要在骑跨处作业。

（6）在轿顶时，万一遇到电梯失控运行，千万要保持镇定，应抓牢可扶之物，蹲稳在安全之处，不能企图开门跳出。

（7）在地坑工作时，应该切断地坑检修箱的安全开关。爬出地坑时，一定要保证厅门在打开状态下，方能接通地坑的安全回路，然后迅速爬出地坑（如果在厅外能操作安全开关，应在人爬出地坑后再接通安全开关，然后再关门）。

（8）如果必须要短接门锁；检查电梯门锁故障时，千万要保证电梯处于检修状态。检查完毕后，务必先断开门锁短接线后，才能让电梯复位到正常状态。

（9）检修有应急装置的电梯，在使用应急开关时，务必保证厅门处于关闭状态，防止他人跌入井道。进入地坑工作，如果 1 楼门要开着，必须在厅门外挂警戒标志或专人看护，防止他人跌入地坑。

（10）当需要切断电源检修电梯时，应挂上"有人操作，禁止合闸"的警示牌。在进行带操作或使用电动工具时，要切实做好防止触电的安全事项。

5.5.2　电梯的主要部件维修

当维修人员用紧急层门钥匙开启层门，准备进入井道轿厢顶之前，应精神集中、头脑清醒。虽然层门已被开启，当进入井道后将会被强迫关门，装置关闭层门恢复正常运行状态，又可以应答召唤。因此，必须在进入井道之前，将轿厢内的检修开关转入检修状态和将急停按钮按下。检修人员迅速进入轿厢时，注意不要在层门口对接处逗留。同时将轿顶检修盒的检修开关接通，绝对不允许轿顶维修人员命令轿内人员操纵电梯运行维修工作。

当不需要轿厢运行维修工作时，维修人员应断开下述所在位置的开关：①在机房时，将电源总开关断开。②在轿顶时，将安全钳联动开关和轿顶检修盒的急停开关断开。③在轿厢内，应将操纵盒上急停按钮按下和电源开关断开。④在底坑时，应将限速器张紧装置的安全开关和底坑检修盒的急停开关断开。

1. 减速机的维修

减速机运转时应平稳而无振动，其主要要求是蜗轮与蜗杆的啮合良好。由于蜗轮、蜗杆的磨损，致使齿侧间隙增大，将会使轿厢运行时产生振动。此时可调整蜗轮轴两端轴承底座的垫片。如蜗轮轴为偏心轴结构，可将蜗轮偏心轴轴承盖的螺栓松开，旋转该轴来调节啮合的侧向间隙。关于齿侧间隙的范围应根据各生产厂的规定调整，因为它与齿形、润滑油、结构、加工工艺等有直接关系。电梯在起动、制动过程中，轿厢在换速、换向运行时有较大的冲击振动感，可能因螺杆止推轴承磨损造成轴向游隙增大所致。此时可将蜗杆轴端法兰盘开启，调整蜗杆轴端螺母和法兰盘的纸垫或更换推力止推轴承。轴向游隙范围应根据各生产厂家的规定调整。齿侧间隙与轴向游隙必须由有经验的经过专业培训的工作人员调整。减速机箱体内的润滑油，应随时根据观察油位所示位置来添加。每半年进行一次清洗油箱工作并更换新油。润滑油推荐用兰州炼油厂 150 号或 320 号油。箱盖、窥视孔、轴承盖等与箱体接合处不应有渗油现象。蜗杆伸出端如为盘根密封，应随时观察滴油，应为 3 ~ 5 min 1 滴。调整盘根的端盖螺母，不宜挤压过紧，以免发生蜗杆抱轴故障。如蜗杆伸出端为机械密封结构，则发现漏油就应及时更换。蜗轮轴上的滚动轴承每月应注入 3 ~ 5 g 钙基润滑脂，以保证充满轴承室空间的 2/3。减速箱的温升应不高于 60 ℃，最高油温不得高于 80 ℃。当滚动轴承产生不均匀的噪声、敲击声或温度太高时，应及时检修或更换。经常检查减速机联轴器处螺栓，应无松动现象。

2. 机械制动器的维修

经常检查弹性联轴器的弹性磨损及老化情况。如发现上述情况，则应及时更换，以避免出现运转时的撞击声、轿厢振动和噪声。制动器动作应灵活可靠，电磁衔铁在导向铜套内应滑动自如。如有动作延迟的现象，应及时检修，去除铜套内的油污，可加入少许滑石粉作为润滑剂。凡是销轴处，应经常注入机油润滑。当发现有油垢堆积时，应拆下清洗干净。保持制动性能可靠，经常去除溅落在制动轮上的油污。制动器线圈的温升一般不应高于 60 ℃，最高温度不得高于 105 ℃。经常检查线圈接线端有无松动，并保证绝缘良好。制动器在工作时，闸瓦应紧密均匀地贴合于制动轮的工作表面；松闸时闸瓦沿制动轮工作面的间隙应在 0.5 ~ 0.7 mm 之间，且两闸瓦应保持一致。如该间隙过大，将会导致制动减速度增大，影响舒适感，因此经常调整该间隙。尤其运行一段时间后，闸瓦、制动轮的工作表面摩擦得更为光滑。此时可以在松闸后，将该间隙调整至不摩擦最小间隙，乘坐舒适感将会有显著的改善。当固定制动带的螺钉露出时，应及时更换，避免它与制动轮摩擦。当发现制动力减弱时，可调整弹簧的螺母来增加制动力。如发现闸瓦与制动轮同心度较差，则应及时调整制动器底座底部的垫片。

3. 曳引电动机的维修

电动机的强迫通风风机是由埋入电动机定子内的温度继电器所控制。当电动机内部温度升高到 55 ℃时，风机开始工作，温度下降到 45 ℃时即行停止。风机供电电力可用照明电源，经常在曳引电动机停止工作时，风机仍然继续工作。应随时检查曳引电动机温度升高时，风机工作情况有无异常，如发现问题应及时与生产厂联系更换或由制造厂家进行修理。如继续使用，则必将烧毁主电动机。应随时检查滑动轴承蓄油槽内的油位，并按油位线所示添加润滑油。应不超过半年更换一次润滑油。更换时把油槽内的油全部放净，且用汽油洗净油槽室后再注入规定黏度的润滑油。应经常注意轴承油环的工作情况，以保证轴承有足够的润滑油。如发现油环转动很快而又有轻微的响声时，可能是油量不足，如油环转动很缓慢，则为润滑不良现象。轴承的温度不应高于 80 ℃。检查时如发现蜗杆轴与电动机轴不同心时，应及时调整。对刚性连接的不向心度应不大于 0.02 mm，而弹性连接的应不大于 0.1 mm。

4. 速度测量装置的维修

如果在轿厢乘坐时发现有垂直方向的抖动或调速系统起、制时有振荡感觉的话，则除了检查拖动系统外，应首先检查测速发电动机的安装是否与曳引电动机主轴同心。如为齿形尼龙带或三角带传动，应检查传动带是否磨损或损坏，这些情况均直接影响测速发电机输出电压的稳定，因此如有问题必须更换。每季度检查一次测速发电机电刷，如磨损严重，应予以更换，并清除发电机内炭屑。同时，在轴承处加注钙基润滑脂。如测速装置为光电码盘，则应检查光电传感器是否完好，发射、接收镜面是否清洁，安装位置是否改变等。

5. 曳引轮的维修

当曳引轮绳槽磨损不一致时，或呈严重凹凸不平似麻花状而影响使用时，需将曳引绳摘下，用特制的绳槽样板刀具与减速机固定，以检修速度运转来修复车绳槽。同时，调整曳引绳和绳头组合锥套，使各绳之间张力一致。因磨损严重而无法修理的曳引轮，应与制造厂联系更换。

6. 控制柜的维修

应经常检查控制柜，消除接触器、继电器的灰尘及电磁铁吸合面处油垢等物。检查触点的接触是否可靠，吸合线圈外表绝缘是否良好，机械连锁装置动作是否可靠以及继电器、接触器吸合时有无显著的噪声等。动触头连接的导线头处有无断裂现象。接线柱处导线连接应紧固而无松动现象。更换熔丝时，应使其熔断电流与该回路相匹配。一般控制回路熔丝的额定电流应与回路电源额定电流相一致。电动机回路熔丝的额定电流应为该电动机额定电流的 2.5 ~ 3 倍。

5.5.3 电梯的常见故障及原因

1. 故障现象：电梯有电源，而电梯不有工作

（1）可能原因：电梯安全回路发生故障，有关线路断了或松开。排除方法：检查安全回路继电器是否吸合，如果不吸合，线圈两端电压又不正常，则检查安全回路中各安全装置是否处于正常状态和安全开关的完好情况，以及导线和接线端子的连接情况。

（2）可能原因：电梯安全回路继电器发生故障。排除方法：检查安全回路继电器两端电压，电压正常而不吸合，则安全回路继电器线圈烧坏断路。如果吸合，则安全回路继电器触点接触不良，控制系统接收不到安全装置正常的信号。

2. 故障现象：电梯能定向和自动关门，关门后不能启动

（1）可能原因：本层层门机械门锁没有调整好或损坏，不能使门电锁回路接通，从而使电梯起动。排除方法：调整或更换门锁，使其能正常接通门电锁回路。

（2）可能原因：本层层门机械门锁工作正常，但门电锁接触不良或损坏，不能使门电锁回路接通，使电梯起动。排除方法：保养、调整或更换门电锁，使其能正常接通门电锁回路。

（3）可能原因：门电锁回路有故障，有关线路断开了或松动。排除方法：检查门锁回路继电器是否吸合，如果不吸合，线圈两端电压又不正常，则检查门锁回路的其他接触情况是否良好，使其正常。

（4）可能原因：门锁回路继电器故障。排除方法：检查门锁回路继电器两端电压，电压正常而不吸合，则门锁回路继电器线圈断路。如果吸合，则门锁回路继电器触点接触不良，控制系统接收不到厅、轿门关闭的信号。

3. 故障现象：电梯能开门，但不能自动关门

（1）可能原因：关门行程限位开关（或光电开关）动作不正确或损坏。排除方法：调整或更换关门行程限位开关（或光电开关），使其能正常工作。

（2）可能原因：开门按钮动作不正确（有卡阻现象不能复位）或损坏。排除方法：调整或更换开门按钮，使其能正常工作。

（3）可能原因：门安全触板或光幕光电开关动作不正确或损坏。排除方法：调整或更换安全触板或光幕光电开关，使其能正常工作。

（4）可能原因：关门继电器失灵或损坏。排除方法：检修或更换关门继电器，使其正常。

（5）可能原因：超重装置失灵或损坏。排除方法：检修或更换超重装置，使其正常。

（6）可能原因：本层层外召唤按钮卡阻不能复位或损坏。排除方法：检修或更换本层层外召唤按钮，使其正常。

（7）可能原因：有关关门线路断了或接线松开。排除方法：检查有关线路，使其正常。

4. 故障现象：电梯能开门，但按下关门按钮不能关门

（1）可能原因：关门按钮触点接触不良或损坏。排除方法：检修或更换关门按钮，使其工作正常。

（2）可能原因：关门行程限位开关（或光电开关）动作不正确或损坏。排除方法：调整或更换关门行程限位开关（或光电开关），使其能正常工作。

（3）可能原因：开门按钮动作不正确（有卡阻现象不能复位）或损坏。排除方法：调整或更换开门按钮，使其能正常工作。

（4）可能原因：门安全触板或光幕光电开关动作不正确或损坏。排除方法：调整或更换安全触板或光幕光电开关，使其能正常工作。

（5）可能原因：关门继电器失灵或损坏。排除方法：检修或更换关门继电器，使其正常。

（6）可能原因：超重装置失灵或损坏。排除方法：检修或更换超重装置，使其正常。

（7）可能原因：本层层外召唤按钮卡阻不能复位或损坏。排除方法：检修或更换本层层外召唤按钮，使其正常。

（8）可能原因：有关关门线路断了或接线松开。排除方法：检查有关线路，使其正常。

5. 故障现象：电梯能关门，但电梯到站不开门

（1）可能原因：开门继电器失灵或损坏。排除方法：检修或更换开门继电器，使其正常。

（2）可能原因：开门行程限位开关（或光电开关）动作不正确或损坏。排除方法：调整或更换开门行程限位开关（或光电开关），使之正常。

（3）可能原因：电梯停车时不在平层区域。排除方法：查找停车不在平层区域的原因，排除故障后，使电梯停车时在平层区域。

（4）可能原因：平层感应器（或光电开关）失灵或损坏。排除方法：检修或更换平层感应器（或光电开关），使之正常。

（5）可能原因：有关开门线路断了或接线松开。排除方法：检查有关线路，使其正常。

6. 故障现象：电梯能关门，但按下开门按钮不开门

（1）可能原因：开门继电器失灵或损坏。排除方法：检修或更换开门继电器，使其正常。

（2）可能原因：开门行程限位开关（或光电开关）动作不正确或损坏。排除方法：调整或更换开门行程开关（或光电开关）。

（3）可能原因：开门按钮触点接触不良或损坏。排除方法：检修或更换开门按钮，使其正常。

（4）可能原因：关门按钮动作不正确（有卡阻现象不能复位）或损坏。排除方法：调整或更换开门按钮。

（5）可能原因：有关开门线路断了或接线松开。排除方法：检查有关线路，使其正常。

7. 故障现象：电梯不能开门和关门

（1）可能原因：门机控制电路故障，无法使门机运转。排除方法：检查门机控制电路的电源、熔断器和接线线路，使其正常。

（2）可能原因：门机故障。排除方法：检查和判断门机是否不良或损坏，修复或更换门机。

（3）可能原因：门机传动皮带打滑或脱落。排除方法：调整皮带的张紧度或更换新皮带。

（4）可能原因：有关开门线路断了或接线松开了。排除方法：检查有关线路，使其正常。

（5）可能原因：层门、轿门挂轮松动或严重磨损，导致门扇下移拖地，不能正常开关门。排除方法：调整或更换层门、轿门挂轮，保证一定的门扇下端与地坎间隙，使厅门、轿门能正常工作。

知识拓展

电梯维修改造资质的分级和要求

施工类别	施工等级	序号	基本要求
维修	A级	1	注册资金250万元以上。
		2	签订1年以上全职聘用合同的电气或机械专业技术人员不少于8人。其中，高级工程师不少于2人，工程师不少于4人。
		3	签订1年以上全职聘用合同的持相应作业项目资格证书的特种设备作业人员等技术工人不少于40人，且各工种人员比例合理。
		4	技术负责人必须具有国家承认的电气或机械专业高级工程师以上职称，从事特种设备技术和施工管理工作5年以上，并不得在其他单位兼职。
		5	专职质量检验人员不得少于4人。
		6	近5年累计维修申请范围内的特种设备数量至少为：电梯150台套；起重机械60台套。
	B级	1	注册资金120万元以上。
		2	签订1年以上全职聘用合同的电气或机械专业技术人员不少于5人。其中，高级工程师不少于1人，工程师不少于2人。
		3	签订1年以上全职聘用合同的持相应作业项目资格证书的特种设备作业人员等技术工人不少于30人（客运索道或大型游乐设施10人），且各工种人员比例合理。
		4	技术负责人必须具有国家承认的电气或机械专业高级工程师以上职称，从事特种设备技术和施工管理工作5年以上，并不得在其他单位兼职。
		5	专职质量检验人员不得少于3人。
		6	近5年累计维修申请范围内的特种设备数量至少为：电梯80台套；起重机械40台套；客运索道5条；大型游乐设施20台套。
	C级	1	注册资金50万元以上。
		2	签订1年以上全职聘用合同的电气或机械专业技术人员不少于3人。其中，工程师不少于2人。
		3	签订1年以上全职聘用合同的持相应作业项目资格证书的特种设备作业人员等技术工人不少于15人（大型游乐设施8人），且各工种人员比例合理。
		4	技术负责人必须具有国家承认的电气或机械专业工程师以上职称，从事特种设备技术和施工管理工作5年以上，并不得在其他单位兼职。
		5	专职质量检验人员不得少于2人。
		6	近5年累计维修申请范围内的特种设备数量至少为：电梯30台套；起重机械20台套。

电梯安装资质的分级和要求

施工类别	施工等级	序号	基本要求
安装	A 级	1	注册资金 300 万元（人民币，下同）以上。
		2	签订 1 年以上全职聘用合同的电气或机械专业技术人员不少于 8 人；其中，高级工程师不少于 2 人，工程师不少于 4 人。
		3	签订 1 年以上全职聘用合同的持相应作业项目资格证书的特种设备作业人员等技术工人不少于 30 人（客运索道或大型游乐设施 20 人），且各工种人员比例合理。
		4	技术负责人必须具有国家承认的电气或机械专业高级工程师以上职称，从事特种设备技术和施工管理工作 5 年以上，并不得在其他单位兼职。
		5	专职质量检验人员不得少于 4 人。
		6	近 5 年累计安装申请范围内的特种设备数量至少为：电梯 150 台套；起重机械 60 台套；客运索道或大型游乐设施 20 台套。
	B 级	1	注册资金 150 万元以上。
		2	签订 1 年以上全职聘用合同的电气或机械专业技术人员不少于 6 人；其中，高级工程师不少于 1 人，工程师不少于 3 人。
		3	签订 1 年以上全职聘用合同的持相应作业项目资格证书的特种设备作业人员等技术工人不少于 20 人（客运索道或大型游乐设施 10 人），且各工种人员比例合理。
		4	技术负责人必须具有国家承认的电气或机械专业高级工程师以上职称，从事特种设备技术和施工管理工作 5 年以上，并不得在其他单位兼职。
		5	专职质量检验人员不得少于 3 人。
		6	近 5 年累计安装申请范围内的特种设备数量至少为：电梯 80 台套；起重机械 40 台套；客运索道或大型游乐设施 12 台套。
	C 级	1	注册资金 50 万元以上。
		2	签订 1 年以上全职聘用合同的电气或机械专业技术人员不少于 3 人；其中，工程师不少于 2 人。
		3	签订 1 年以上全职聘用合同的持相应作业项目资格证书的特种设备作业人员等技术工人不少于 10 人（大型游乐设施 6 人），且各工种人员比例合理。
		4	技术负责人必须具有国家承认的电气或机械专业工程师以上职称，从事特种设备技术和施工管理工作 5 年以上，并不得在其他单位兼职。
		5	专职质量检验人员不得少于 2 人。
		6	近 5 年累计安装申请范围内的特种设备数量至少为：电梯 30 台套；起重机械 20 台套；大型游乐设施 8 台套。

思 考 题

1. 电梯安装与维修的重要性主要体现在哪些方面？

2. 电梯改造和安装的定义是什么？两者的根本区别何在？

3. 永磁同步无齿轮曳引机的主要特点是什么？

4. 试设计一部额定载重量为 1 t 的中分式载货电梯轿厢、厅门、井道、机房尺寸，并绘制出相应的土建示意图，标出尺寸及注意事项。

5. 简述电梯常见故障及解决方法。

第 6 章

自动扶梯与人行道

"女子被卷入商场扶梯身亡"事故分析

2015 年 7 月 26 日 10 时许，某商场手扶电梯上，一母亲将幼子托出，自己却被电梯"吞没"。消防员现场破拆 5 小时将其救出时，已无生命迹象。

7 月 27 日晚，"7·26"电梯事故新闻发布会举办。事故调查组组长透露，事故 5 分钟前，该商场工作人员发现电梯盖板有松动翘起现象，但并未采取停梯检修等应急措施。初步认定，事故属安全生产责任事故。

7 月 28 日，国家质检总局下发《紧急通知》，要求 8 月 10 日前，各地对自动扶梯要逐台检查。

7 月 29 日，事故调查报告正式形成，主要原因是电梯盖板结构设计不合理，容易导致松动和翘起，安全防护措施考虑不足。

报道事件经过、追问责任、反思教训等成为舆论关注核心，媒体的加入使事件影响力不断扩大，引发舆论场里的热议高潮。

媒体评论观点摘要

置身现代都市，没有人可以远离公共设施而独善其身，每个人都是他人"安全环境"的一部分。只有从内心唤起公共安全意识，在各类事故中找到改进的方向，各司其职、各尽其责，让公众看到身边的安全环境在改善，整个社会才会有更加牢固的安全感。（据《人民日报》，作者：李浩燃）

呼吁专项立法之声日渐强烈，而比立法更迫切的是，如何确保各项法律法规得以不打折扣地执行。《特种设备安全监察条例》明确规定，电梯应当设置特种设备安全管理机构或配备专职安全管理人员，至少每 15 日进行一次清洁、润滑、调整和检查。对照之下，多少电梯真正做到了？更进一步追问，电梯维保人员是否具备相应资质，以及标准化作业流程？（据《新民晚报》）

电梯本不"吃人"，电梯安全事故的背后，拷问的其实是人的责任和良心。今天我们不缺安全设施和安全标准，也不缺安全监管的制度规范，更不缺安全管理的机构和人员。但这一切并不能自动组合成牢固的公共安全体系，它还需要人的责任良心，将各种标准、制度等聚合成一个动态的安全体系。在这个体系中，人的责任构成了维系公共安全的"芯"。（据《京华时报》，作者：兵临）

从厦门一位大学生乘坐电梯被卡身亡，到西安一位研究生从电梯井坠落，再到本次的湖北扶梯卷人事故，以及两天后无锡一女子被电梯卡楼板间不幸身亡，连续出现的电梯致死、伤人、困人事故触目惊心，媒体一方面发出各种指南提示公众如何应对电梯突发事故，另一方面梳理近年来频发的电梯安全事件，使话题不断升级，电梯安全问题成为网友热议焦点。7月28日，国家质检总局作出回应，事件响应层级逐渐提高，电梯安全问题被纳入公共安全层面。至此，以该事件为切口的电梯安全问题整改拉开帷幕，也在一定程度上缓解了公众不安与对立的情绪。

6.1 自动扶梯的结构及主要参数

现代自动扶梯的雏形是一台普通倾斜的链式运输机，是一种梯级和扶手都能自运动的楼梯。

1900年，奥的斯公司在法国巴黎举行的国际展览会上展出了结构完善的自动扶梯，这种自动扶梯具有阶梯式的梯路，同时梯级是水平的，并在扶梯进出口处的基坑上加了梳板。以后，经过不断改进和提高，自动扶梯进入实用阶段。

随着科技的进步和经济的发展，自动扶梯和自动人行道不断地更新换代，更新颖、更先进、更美观的产品向人们走来。

6.1.1 自动扶梯及自动人行道的基本参数

自动扶梯及自动人行道的基本参数有：提升高度 H、输送能力 Q、运行速度 v、梯级（踏板或胶带）宽度 B 及梯路的倾角 α 等。

1. 提升高度 H

提升高度是建筑物上、下层楼之间或地下铁道地面与地下站厅间的高度。我国目前生产的自动扶梯系列为：商用型 $H \leq 7.5$ m；公共交通型 $H \leq 50$ m。

2. 输送能力 Q

输送能力是指每小时运载人员的数目。当自动扶梯或自动人行道各梯级（踏板或胶带）被人员站满时，理论上的最大小时输送能力按下式计算：

$$Q = 3600nv/t \text{ 级}$$

式中：t——一个梯级的平均深度或与此深度相等的踏板（胶带）的可见长度，m；

n——每一梯级或每段可见长度为 t 级的踏板（胶带）上站立的人员数目；

v——梯级（踏板或胶带）的运行速度，m/s。

这样计算出的便是理论输送能力。但是，实际值应该考虑到乘客登上自动扶梯或自动人行道的速度，也就是梯级运行速度对自动扶梯或自动人行道满载的影响。因此，应该用一系数来考虑满载情况，这一系数称为满载系数 ϕ。

3. 运行速度 v

自动扶梯或自动人行道运行速度的大小，直接影响到乘客在自动扶梯或自动人行道上停留的时间。如果速度太快，影响乘客顺利登梯，满载系数反而降低。反之，速度太慢时，不必要地增加了乘客在梯路上的停留时间。因此，正确地选用运行速度显得十分重要。

国际规定：自动扶梯倾斜角 α 不大于30°时，其运行速度不应超过 0.75 m/s；自动扶梯倾斜角 α 大于30°，但不大于35°时，其运行速度不应超过 0.50 m/s。自动人行道的运行速度不应超过 0.75 m/s，但如果踏板或胶带的宽度不超过 1.1 m 时，自动人行道的运行速度最大允许达到 0.90 m/s。

4. 梯级（踏板或胶带）宽度 B

目前我国所采用的梯级宽度 B：小提升高度时，单人的为 0.6 m；双人的为 1.0 m；中、大提升高度时：双人的为 1.0 m。另外还有 0.8 m 的规格。

踏板（或胶带）的宽度一般有 0.8 m 和 1.0 m 两种规格。

5. 倾斜角 α

倾斜角 α 是指梯级、踏板或胶带运行方向与水平面构成的最大角度。自动扶梯的倾斜角一般采用 30°，采用此角度主要是考虑到自动扶梯的安全性，便于结构尺寸的处理和加工。但有时为了适应建筑物的特殊需要，减少扶梯所占的空间，也可采用 35°。

建筑物内普通扶梯的梯级尺寸比例为 16∶31，为了在这种扶梯旁边同时并列地安装自动扶梯，自动扶梯也可采用 27.3° 的倾角。

国际规定：自动扶梯的倾斜角 α 不应超过 30°，当提升高度不超过 6 m，额定速度不超过 0.50 m/s 时，倾斜角 α 允许增至 35°。自动人行道的倾斜角不应超过 12°。

6.1.2 自动扶梯及自动人行道的构造

1. 自动扶梯的结构

自动扶梯是以电力驱动，在一定方向上能够大量、连续运送乘客的开放式运输机械。具有结构紧凑、安全可靠、安装维修简单方便等特点。因此，在客流量大而集中的场所，如车站、码头、商场等处得以广泛应用。见图 6-1。

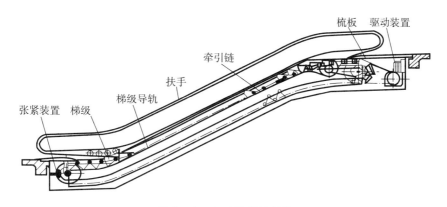

图 6-1 自动扶梯的结构

2. 自动扶梯的分类

扶梯分类方法很多，可从不同角度来分。

（1）按驱动方式分类：有链条式（端部驱动）和齿轮齿条式（中间驱动）两类。

（2）按使用条件分：有普通型（每周少于 140 h 运行时间）和公共交通型（每周大于 140 h 运行时间）。

（3）按提升高度分：有最大至 8 m 的小提升高度，和最大至 25 m 中提升高度以及最大可达 65 m 的大提升高度 3 类。

（4）按运行速度分：有恒速和可调速两种。

（5）按梯级运行轨迹分：有直线形（传统型）、螺旋形、跑道形和回转螺旋形4类。

6.1.3 自动扶梯及自动人行道的主要零部件

1. 主要零部件

扶梯由桁架、驱动减速机、驱动装置、张紧装置、导轨系统、梯级、梯级链或齿条、扶栏扶手带以及各种安全装置所组成。

1）桁架

桁架是扶梯的基础构架，扶梯的所有零部件都装配在这一金属结构的桁架中，见图6-2。一般用角钢、型钢或方形与矩形管等焊制而成。一般有整体焊接桁架与分体焊接桁架两种。自动扶梯或自动人行道的金属结构架具有安装和支撑各个部件、承受各种载荷以及连接两个不同层楼地面的作用。金属结构架一般有桁架式和板梁式两种，桁架式金属结构架通常采用普通型钢（角钢、槽钢及扁钢）焊接而成。

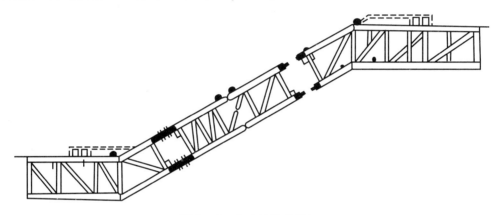

图6-2 自动扶梯的桁架

分体桁架一般由3部分组成，即上平台、中部桁架与下平台。其中，上、下平台相对而言是标准的，只是由于额定速度的不同而涉及梯级水平段不同，影响到上平台与下平台的直线段长度。中间桁架长度将根据提升高度而变化。

为保证扶梯处于良好工作状态，桁架必须具有足够刚度，其允许挠度一般为扶梯上、下支撑点点间距离的1‰。必要时，扶梯桁架应设中间支撑，它不仅起支撑作用，而且可随桁架的胀和缩自行调节。

2）驱动机

驱动机（以链条式为例）主要由电动机、蜗轮蜗杆减速机、链轮、制动器（抱闸）等组成。根据电动机的安装位置可分为立式与卧式，目前采用立式驱动机的扶梯居多。其优点为：结构紧凑，占地少，重量轻，便于维修，噪声低，振动小。尤其是整体式驱动机（见图6-3），其电动机转子轴与蜗杆共轴，因而平衡性很好，且可消除振动及降低噪声。承载能力大，小提升高度的扶梯可由一台驱动机驱动，中提升高度的扶梯可由两台驱动机驱动。

3）驱动装置

驱动装置的作用是将动力传递给梯路系统及扶手系统。一般由电动机、减速箱、制动

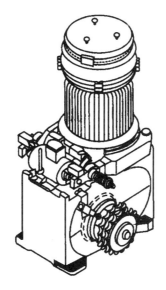

图6-3 整体驱动机

器、传动链条及驱动主轴等组成。驱动装置通常位于自动扶梯或自动人行道的端部（即端部驱动装置），也有位于自动扶梯或自动人行道中部的。端部驱动装置较为常用，可配用蜗轮蜗杆减速箱，也可配用斜齿轮减速箱以提高传动效率，端部驱动装置以牵引链条为牵引构件。中间驱动装置可节省端部驱动装置所占用的机房空间并简化端部的结构，中间驱动装置必须以牵引齿条为牵引构件，当提升高度很大时，为了降低牵引齿条的张力并减少能耗，可在扶梯内部配设多组中间驱动机组以实现多级驱动。

该装置装配在上平台（上部桁架）中，如图6-4所示。

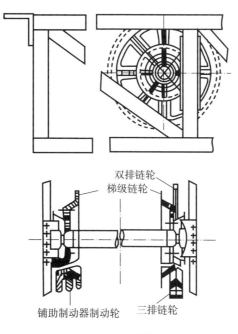

双排链轮
梯级链轮

铺助制动器制动轮   三排链轮

图6-4 驱动装置

4）张紧装置

张紧装置的作用如下。

（1）使牵引链条获得必要的初张力，以保证自动扶梯或自动人行道正常运行。

（2）补偿牵引链条在运转过程中的伸长。

（3）牵引链条及梯级（或踏板）由一个分支过渡到另一分支的改向功能。

（4）梯路导向所必需的部件（如转向壁等）均装在张紧装置上。

张紧装置可分为重锤式张紧装置和弹簧式张紧装置等。目前常见的是弹簧式张紧装置。张紧装置链轮轴的两端各装在滑块内，滑块可在固定的滑槽中水平滑动，并且张紧链轮同滑块一起移动，以调节牵引链条的张力。安全开关用来监控张紧装置的状态。

图6-5所示，张紧装置由梯链轮、轴、张紧小车及张紧梯级链的弹簧等组成。张紧弹簧可由螺母调节张力，使梯级链在扶梯运行时处于良好工作状态。当梯级链断裂或伸长时，张紧小车上的滚子精确导向产生位移，使其安全装置（梯级链断裂保护装置）起作用，扶梯立即停止运行。

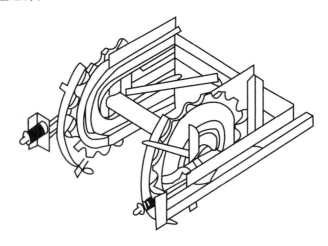

图6-5 张紧装置

5）导轨

目前，相当一部分扶梯采用冷拔角钢作为扶梯梯级运行和返回导轨。采用国外引进技术生产的扶梯梯级运行和返回导轨均为冷弯型材，具有重量轻、相对刚度大、制造精度高等特点，便于装配和调整。

由于采用了新型冷弯导轨及导轨架，降低了梯级的颠振运行、曲线运行和摇动运行，延长了梯级及滚轮的使用寿命。同时，减小了上平台（上部桁架）与下平台（下部桁架）导轨平滑的转折半径，又减少了梯级轮、梯级链轮对导轨的压力，降低了垂直加速度，也延长了导轨系统的寿命。

6）梯级链

图6-6所示，梯级链由具有永久性润滑的支撑轮支撑，梯级链上的梯级轮就可在导轨系统、驱动装置及张紧装置的链轮上平稳运行；还使负荷分布均匀，防止导轨系统的过早磨损，特别是在反向区两根梯级链由梯级轴连接，保证了梯级链整体运行的稳定性。

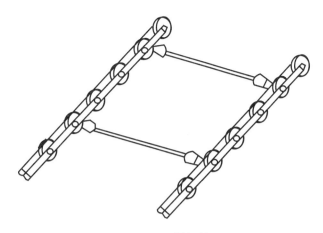

图 6-6 梯级链

梯级链的选择应与扶梯提升高度相对应。链销的承载压力是梯级链延长使用寿命的重要因素，必须合理选择链销直径，才能保证扶梯安全可靠运行。

7）梯级

梯级在自动扶梯中是一个很关键的部件，它是直接承载输送乘客的特殊结构的四轮小车，梯级的踏板面在工作段必须保持水平。各梯级的主轮轮轴与牵引链条绞接在一起，而它的辅轮轮轴则不与牵引链条连接。这样可以保证梯级在扶梯的上分支保持水平，而在下分支可以进行翻转。

在一台自动扶梯中，梯级是数量最多的部件又是运动的部件。因此，一台扶梯的性能与梯级的结构、质量有很大关系。梯级应能满足结构轻巧、工艺性能良好、装拆维修方便的要求。目前，有些厂家生产的梯级为整体压铸的铝合金铸造件，踏板面和踢板面铸有精细的肋纹，这样确保了两个相邻梯级的前后边缘啮合并具有防滑和前后梯级导向的作用。梯级上常配装塑料制成的侧面导向块，梯级靠主轮与辅轮沿导轨及围裙板移动，并通过侧面导向块进行导向，侧面导向块还保证了梯级与围裙板之间维持最小的间隙。

梯级有整体压铸梯级与装配式梯级两类。

（1）整体压铸梯级：如图 6-7 所示，整体压铸梯级系铝合金压铸，脚踏板和起步板铸有筋条，起防滑作用和相邻梯级导向作用。这种梯级的特点是重量轻（约为装配式梯级重量之半），外观质量高，便于制造、装配和维修。

图 6-7 整体压铸梯级

（2）装配式梯级：如图6-8所示，装配式梯级是由踏板、踢板、支架（以上为压铸件）与轴、主轮等组成，制造工艺复杂，装配后的梯级尺寸与形位公差的同一性差，重量大，不便于装配和维修。

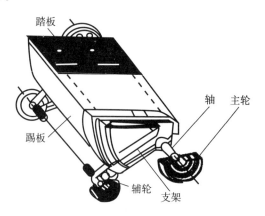

图6-8　装配式梯级

上述两类梯级既可提供不带有安全标志线的梯级，也可提供带有安全标志线的有特殊要求的梯级。黄色安全标志线可用黄漆喷涂在梯级脚踏板周围，也可用黄色工程塑料（ABS）制成镶块镶嵌在梯级脚踏板周围。

8）扶手驱动装置

扶手装置是装在自动扶梯或自动人行道两侧的特种结构形式的带式输送机。扶手装置主要供站立在梯路中的乘客扶手之用，是重要的安全设备，在乘客出入自动扶梯或自动人行道的瞬间，扶手的作用显得更为重要。扶手装置由扶手驱动系统、扶手带、栏板等组成。如图6-9所示，由驱动装置通过扶手驱动链直接驱动，无须中间轴，扶手带驱动轮缘有耐油橡胶摩擦层，以其高摩擦力保证扶手带与梯级同步运行。

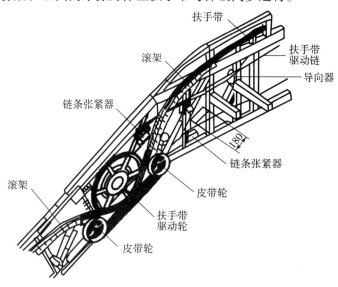

图6-9　扶手驱动装置

为使扶手带获得足够摩擦力,在扶手带驱动轮下,另设有皮带轮组。皮带的张紧度由皮带轮中一个带弹簧与螺杆进行调整,以确保扶手带正常工作。

9) 扶手带

如图6-10所示,扶手带由多种材料组成,主要为天然(或合成)橡胶、棉织物(帘子布)与钢丝或钢带等。扶手带的标准颜色为黑色,可根据客户要求,按照扶手带色卡提供多种颜色的扶手带(多为合成橡胶)。扶手带的质量,诸如物理性能、外观质量、包装运输等,必须严格遵循有关技术要求和规范。

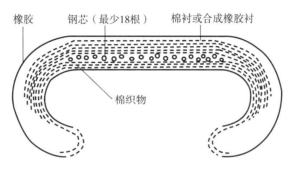

图6-10 扶手带

10) 梳齿、梳齿板、楼层板

(1) 梳齿:如图6-11所示,在扶梯出入口处应装设梳齿与梳齿板,以确保乘客安全过渡。梳齿上的齿槽应与梯级上的齿槽啮合,即使乘客的鞋或物品在梯级上相对静止,也会平滑地过渡到楼层板上。一旦有物品阻碍了梯级的运行,梳齿被抬起或位移,可使扶梯停止运行。梳齿可采用铝合金压铸件,也可采用工程塑料注塑件。

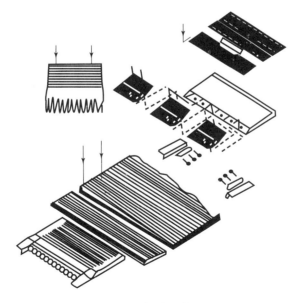

图6-11 梳齿与梳齿板

(2) 梳齿板:梳齿板用以固定梳齿。它可用铝合金型材制,也可用较厚碳钢板制作。

(3) 楼层板(着陆板):楼层板既是扶梯乘客的出入口,也是上平台、下平台维修间

（机房）的盖板，一般为薄钢板制作，背面焊有加强筋。楼层板表面应铺设耐磨、防滑材料，如铝合金型材、花纹不锈钢板或橡胶地板。

11）扶栏

扶栏设在梯级两侧，起保护和装饰作用（见图6－12）。它有多种形式，结构和材料也不尽相同，一般分为垂直扶栏和倾斜扶栏。这两类扶栏又可分为全透明无支撑、全透明有支撑、半透明及不透明4种。垂直扶栏为全透明无支撑扶栏，倾斜扶栏为不透明或半透明扶栏。由于扶栏结构不同，扶手带驱动方式也随之各异。

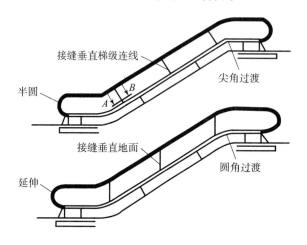

图6－12　扶栏

（1）垂直扶栏：这类扶栏采用自撑式安全玻璃衬板。

（2）倾斜扶栏：这种扶栏采用不锈钢衬板，该衬板与梯级呈倾斜布置。一般用于较大提升高度的扶梯，原因是扶栏重量较大，不能以玻璃作为支撑物，另在扶手带转折处还要增加转向轮。

12）润滑系统

所有梯级链与梯级的滚轮均为永久性润滑。主驱动链、扶手驱动链及梯级链则由自动控制润滑系统分别进行润滑。该润滑系统为自动定时、定点直接将润滑油喷到链销上，使之得到良好的润滑。润滑系统中泵或电磁阀的启动时间、给油时间均由控制柜中的延时继电器控制（如果是PC控制，则由PC内部时间继电器控制）。

13）安全装置

自动扶梯及自动人行道的安全性非常重要，国家标准对所需的安全装置有明确的规定。安全装置的主要作用是保护乘客，使其免于受到潜在的各种危险的危害（包括乘客疏忽大意造成的危险和由于机械电气故障而造成的危险等）；其次，安全装置对自动扶梯及自动人行道设备本身具有保护作用，能把事故对设备的破坏性降到最低；另外，安全装置也使事故对建筑物的破坏程度降到最小。下面将介绍一些常见的安全装置。

（1）工作制动器和紧急制动器。工作制动器是正常停车时使用的制动器，紧急制动器则是在紧急情况下起作用。前文对这两种制动器已有明确的描述。

（2）牵引链条张紧和断裂监控装置。自动扶梯或自动人行道的底部设有一牵引链张紧和断裂保护装置。它由张紧架、张紧弹簧及监控触点所组成。当出现下列情况时张紧触点会迫使自动扶梯或自动人行道停运。

①梯级或踏板卡住。

②牵引链条阻塞。

③牵引链条的伸长超过了允许值。

④牵引链条断裂。

（3）梳齿板保护装置。为了防止梯级（或踏板）与梯路出入口的固定端之间嵌入异物而造成事故，在固定端设计了梳齿板。

（4）围裙板保护装置。自动扶梯在正常工作时，围裙板与梯级间应保持一定间隙。为了防止异物夹入梯级和围裙板之间的间隙，在自动扶梯上部或下部的围裙板反面都装有安全开关。一旦围裙板被夹变形，它会触动安全开关，自动扶梯即断电停运。

（5）扶手带入口安全保护装置。在扶手带端部下方入口处，常常发生异物夹住的事故，孩子不注意时也容易把手夹住。因此需设计扶手带入口安全保护装置。

（6）速度监控装置。自动扶梯或自动人行道超过额定速度或低于额定速度运行都是很危险的，因此需配备速度监控装置，以便在超速或欠速的情况下实现停车。速度监控装置可装在梯路内部，用以监测梯级运行速度。

另外，还有梯级间隙照明、梯级塌陷保护装置以及静电刷、电动机保护、相位保护、急停按钮等。

14）电气设备

自动扶梯或自动人行道的电气设备包括主电源箱、驱动电动机、电磁制动器、控制屏、操纵开关、照明电路、故障及状态指示器、安全开关、传感器、远程监控装置、报警装置等。

（1）主电源箱。主电源箱通常装在自动扶梯或自动人行道驱动端的机房中，箱体中包含了主开关和主要的自动断电装置。

关于电源开关，应遵循下述规范。

在驱动机房或是改向装置机房或是在控制屏附近，要装设一只能切断电动机、制动器的释放器及控制电路电源的主开关。但该开关不应切断电源插座以及维护检修所必需的照明电路的电源。当暖气设备、扶手照明和梳齿板等照明是分开单独供电时，则应设单独切断其电源的开关。各相应的开关应位于主开关近旁，并有明显标志。主开关的操作机构在活门打开之后，要能迅速而方便地接近。操作机构应具有稳定的断开和闭合位置，并能保持在断开位置。主开关应能有切断自动扶梯及自动人行道在正常使用情况下最大电流的能力。如果几台自动扶梯与自动人行道的各主开关设置在一个机房内，各台的主开关应易于识别。

（2）驱动电动机。驱动电动机可选用起动电流较小的三相交流笼式电动机，并安装在驱动端的机房中。驱动电动机的功率大小与自动扶梯或自动人行道的提升高度、梯路宽度、倾斜角度等参数有关。

电动机的保护问题应注意：直接与电源连接的电动机要有保护，并要采用手动复位的自动开关进行过载保护，该开关应切断电动机的所有供电。当过载控制取决于电动机绕组温升时，则开关装置可在绕组充分冷却后自动地闭合，但只有在符合对自动扶梯及自动人行道有关规定的情况下才能再行启动。

（3）电磁制动器。工作制动器和紧急制动器均可选用电磁制动器。当内部的电磁线圈通电时，衔铁吸合，并带动相应部件动作。

（4）控制屏。控制屏一般位于驱动端或张紧端的机房内。控制屏中有主接触器、控制接触器、控制及信号继电器、控制线路电源变压器、电路印制板、单相电源插座、检修操纵盒插座等部件。控制屏的外壳应可靠接地。

（5）操作开关。操纵开关是对自动扶梯或自动人行道发出运行指令的装置，包括钥匙开关、急停按钮、检修操纵盒等。

（6）照明电路。照明电路可分为机房照明、扶手照明、围裙板照明、梳齿板照明、梯级间隙照明等。

其他电气设备结合相关部件的位置发挥相应功能。

6.1.4　自动扶梯及自动人行道的设计

1. 新型一体化变频控制系统

该系列自动扶梯采用一体化变频控制系统，采用 32 位微型计算机处理器进行控制，体积更小、集成度更高、运行速度更快、功能更强大，出色的数字化处理能力及较高的运算效率最大限度地提升了扶梯的节能效果，同时减少了控制柜体积，有效减少了扶梯上桁架投影长度。

该系列自动扶梯在国内率先推出了标配的一体化变频的概念，上行采用 VLR 矢量负载调整技术，下行采用拥有专利的 PLL 切换技术，实现全程的有效节能。

上行时，VLR 技术通过矢量负载检测乘客流量，根据乘客流量调节运行速度，并优化功率输出曲线，全面提升扶梯的节能效果；VLR 矢量负载检测技术：根据扶梯上行负载量的大小，合理地调节扶梯的速度，以达到节能的目的。

下行时，投入能量再生技术，当扶梯带负载下行时，且负载达到一定程度后，系统将势能转化为电能，同时以 PLL 切换技术使再生能量安全返回电网高效利用，实现节能 10% ~40% 。

PLL 切换技术：跟踪电网相位和变频器相位，在两者一致时完成能量反馈切换动作，消除传统切换产生的电网冲击。

一般的全变频控制系统（扶梯完全由变频器供电），扶梯的再生能量完全消耗在制动电阻上。

一般的旁路变频控制系统（低速时变频器供电，高速时电网供电）虽然能将再生能量反馈回电网，但切换的时候没有采取频率跟踪措施，切换时的冲击比较大，影响舒适感，同时也带来较大的切换冲击电流。

而采用了 PLL 切换技术的一体化变频系统，采用旁路技术将再生能源反馈回电网，供其他设施使用，最大限度地利用了能源。与此同时，采用了 PLL 技术将切换冲击减少到最小，完全不影响乘坐舒适感。见表 6 - 1。

表 6 - 1　能量消耗统计表

控制系统	上行能量消耗	下行能量消耗
传统变频	90%	90%
一体化变频	75%	60%

2. 节能高效的驱动系统

该系列自动扶梯可省至少25%的耗电量，这是因为它采用了高精度的新型低噪声平行轴斜齿轮减速机，斜齿轮传动具有重合度大，瞬时接触线长等优点，可减少大量的机械耗能，比传统的蜗轮蜗杆传动效率提高了15%。目前国内自动扶梯采用的多是蜗轮蜗杆减速机，效率低、能耗大。就相同规格的自动扶梯而言，如EX系列自动扶梯采用的电梯功率为7.5 kW（或5.5 kW），则其他自动扶梯的电机功率需要11 kW（7.5 kW）。由于自动扶梯经常需要连续运转，所以EX系列自动扶梯可以节省大量能源，社会效益十分明显。

3. 直线式扶手驱动系统

该系列扶梯采用了直线式扶手驱动系统，最大限度地减少了扶手带的运行摩擦阻力，与其他厂家产品采用的大型驱动轮转动方式相比，弯曲点数减少了，可有效减少对扶手带的损伤，延长扶手带的使用寿命，并且运行阻力大幅度减少，达到节能减耗的目的。

4. 自动扶梯及自动人行道安全及舒适度设计

1）全不锈钢的设计

自动扶梯及自动人行道引入了全不锈钢的设计，梯级踏板、梯级踢板、裙板、楼层板、扶手框架等部件采用了全不锈钢板制作，强度大、寿命长、安全，使扶梯更加坚固、美观、可靠、耐用。

2）不锈钢梯级

自动扶梯及自动人行道采用了不锈钢梯级，其防滑条比压铸铝梯级有更高强度，不易弯折、破裂破损，而且不易藏污。梯级两侧有8 mm安全边界，防止乘客鞋子与裙板接触。四边的荧光黄色边界线，使乘客可避免站在梯级边缘，造成因失稳而引起的事故。不锈钢梯级采用错齿结构，有效防止异物掉入前后梯级的间隙，进一步提高扶梯使用寿命与安全性。梯级后端安全边界处追加的凸台，增加摩擦阻力，提升乘梯安全系数。据测试，踏板上齿槽横向受力4 000 N，垂直方向受力2 000 N不会破裂，一般铸铝踏板分别受3 000 N的横向力和200 N的垂直力即破裂，其耐压强度为铝的3倍。

3）一体化角钢桁架

自动扶梯及自动人行道桁架采用角钢型材，桁架的设计采用了先进的仿真模拟系统进行分析，提高了设计结构的可靠性。所采用的材料内外表面经高压喷丸除锈，喷涂环氧富锌底漆及聚氨酯面漆防护。桁架结构具有强度大，挠度变形小，并充分考虑长期使用过程中的防湿气、腐蚀性气体侵害的特点。较之采用普通空心管材的桁架，由于空心管材内腔无法防腐，采用角钢型材的桁架结构其环境适应性更强，整体寿命更长。

另外，自动扶梯及自动人行道采用新型的**整体式桁架**，取消了桁架中间的驳接，大幅减少了桁架焊接引起的变形，并可以有效保证桁架的制造精度，大大提高了各部件的安装精度，增加了整梯的刚性。

4）一体化导轨及栏杆

该扶梯导轨采用模具滚压成型，利用整体导轨支架结构，现场安装无须重新调整。高精度的导轨与导轨支架紧密结合，通过专用工装准确定位，确保梯级运行平稳，大大提高乘坐舒适感，降低了扶梯运行的噪声。

同时该系列扶梯栏杆一体化，即裙板梁的一体化及栏杆装配一体化。栏杆于电梯专业环境中完成装配或预装，使扶手带运行更加平稳。简化整梯的现场安装程序，提高安装效率。

5. 自动扶梯上的安全装置

为确保乘客安全，自动扶梯及自动人行道设有下列安全装置，见表6-2。

表6-2 扶梯安装装置与作用

序号	安全装置	作 用
1	电动机保护	电动机装有防止过载安全装置，一旦安全装置动作，则切断电动机供电
2	工作制动器	采用机-电式制动器（电磁制动器），供电的中断由独立的电气装置实现
3	限速保护装置	在扶梯速度超过额定速度1.2倍之前，使工作制动器动作
4	电路保护	扶梯主断路器采用微型断路器，当扶梯出现短路时，立即切断开主电源，使扶梯停止运行
5	欠相、反相过流保护	当供电电源错相、欠相或反相时，保护装置能自动检测并切断电路使扶梯停止运行，只有当开关手动复位后，扶梯方可启动，否则不能运行
6	急停按钮	在自动扶梯上下入口处设有紧急停止装置，遇到突发事件可以使用紧急停止装置
7	梳齿板安全开关	梳齿板处设有安全开关，当硬物卡入梳齿板时，安全开关动作，确保扶梯停止运行
8	裙板保护开关	裙板内设有安全开关，在鞋类或其他物品被夹入梯级与裙板之间的空隙时，确保扶梯停止运行
9	梯级链安全开关	梯级链设有两个安全开关，当梯级链过度伸长、不正常收紧、破断时，保护装置使扶梯停止
10	驱动链断链安全开关	驱动链设有一个安全开关，在扶梯运行过程中，驱动链拉伸过长或断开时，驱动链断链安全开关动作，使扶梯停止运行，与此同时驱动链轮自锁装置自动动作
11	非操作逆转安全装置	具有电子式+机械式的双重逆转保护功能：扶梯采用电子传感器进行测速，当检测到扶梯速度过低，有可能发生逆转时，使扶梯停止运行。当扶梯发生逆转情况时，机械式的安全保护开关在扶梯逆转时马上进行保护，使扶梯停止运行
12	扶手带入口安全装置	在扶梯两端扶手带入口处设有防异物保护装置，该装置设有自动复位式开关触点，当异物卡在保护装置上，开关动作，使扶梯停止
13	梯级运行安全装置	在扶梯上下转弯部装设梯级运行安全微动开关，当检测到梯级滚轮运行轨迹异常时，扶梯停机
14	梯级下陷保护	梯级塌陷时，使下部的微动安全开关动作，引发停机

续表

序号	安全装置	作　用
15	扶手带断带安全开关	当扶手带出现意外破断时，微动开关动作，切断控制回路，使扶梯停止运行（选配）
16	附加急停按钮	当扶梯提升高 >12 m 时，在扶梯中部配置附加急停按钮。当出现异常时可按下令扶梯停止
17	附加制动器	当扶梯提升高 >6 m 时，扶梯配置附加制动器。当速度超过额度定速度 1.4 倍之前或梯级改变其运行方向时或驱动链断链时，装置动作令扶梯停止

6.2　自动扶梯的安装与调试

6.2.1　自动扶梯的安装

1. 自动扶梯安装前的准备工作

在工厂内装配好的扶梯可以整机或分段运往使用场地进行安装。分段装运时，应将已装配好的扶梯梯级沿牵引链条可拆卸处临时拆开，并将梯级与牵引链条临时固定于该分段处的金属构架上。现场安装时，先将金属结构分段拼接成整体，然后再连接牵引链条。扶手部分的安装分为下列几种情况：可在工厂先试装后再拆下运至现场安装；或将零部件运至现场安装；亦可在工厂装好后随机一块运往安装现场。

在进行自动扶梯安装之前，必须先熟悉扶梯平面布置图、土建勘查记录资料、电路原理图等，以及合格证和自检报告书。

安装现场要有足够的照明及施工电源，工作时应遵守安装操作规程。

自动扶梯是分段运往工地的，则其框架结构将要在工地进行拼接。在进行框架结构拼接时，可采用端面配合连接法。每个连接面上，用若干只 M24 高强度螺栓连接。由于在受拉面与受压面上都用高强度螺栓，所以必须使用专用工具，以免拧得太紧或太松。拼接可在地面进行，也可悬吊于半空进行，主要取决于现场作业条件。

自动扶梯的本体由框架结构和外部护板组成，各有关零部件则装在框架结构的内部和它的上面。驱动装置装在框架的内部上端，张紧装置装在框架的内部下端。由三个预装部件组成的导轨系统则装在框架结构内部的全长之中。三个预装部件是：头部曲线导轨（包括转向壁）、中部导轨和尾部导轨（包括转向壁）。这些部件均通过装配胎具装配在框架结构上，并且都是经过校正的。扶手支架安装在框架结构上面，护栏一般采用钢化玻璃。

为起吊自动扶梯，吊挂的受力点（见图 6 - 13）只能在自动扶梯两端的支承角钢上的起吊螺栓或吊装脚上。严禁撞击自动扶梯其他部位，拉动和抬高自动扶梯时一律不得使其他部位受力。所用起重设备的各项参数，使用的各种取物装置和吊装方式均需符合起重机械安全规范的规定。自动扶梯的两个端部各有两只吊装螺栓（见图 6 - 14），在使用这些螺栓时，必须掀开自动扶梯的上、下端部盖板。使用固定钢丝绳头套环的步骤如下。

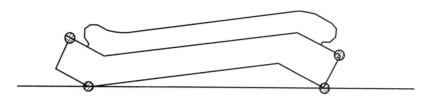

图 6 – 13　自动扶梯起吊受力点

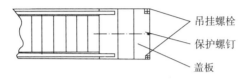

图 6 – 14　自动扶梯吊挂螺栓

（1）拧出安全固定螺钉。

（2）拔出吊装螺栓。

（3）嵌进一或两个绳头固定环。

（4）推入吊装螺栓。

（5）拧紧安全固定螺钉。

安装自动扶梯框架结构的支座，必须保证符合土建布置图上所给定的压力要求。支座表面必须保持平整、干净和水平。支座由扁钢与橡胶中间衬垫所组成，用两个辅助螺钉将自动扶梯框架结构的支撑角钢固定与上面，这两个辅助螺钉在框架结构放置在支座上之后必须去掉，以 4 个调节螺钉将自动扶梯框架结构调节到精确水平（见图 6 – 15）。调整时应注意：中间两个螺钉要临时松开，用两边的两个螺钉将自动扶梯调整到精确水平，然后把中间的两个螺钉拧紧至顶着支撑扁钢为止。

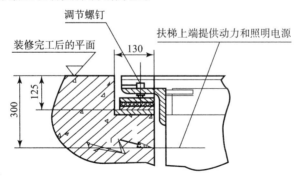

图 6 – 15　自动扶梯支座

自动扶梯框架结构就位后,定位是一件重要的工作,此处介绍一种方法。测量提升高度的方法如图 6 – 16 所示。在扶梯上部前沿板上方 h_2 作为基准线,在建筑物柱子上划出基准线,然后在建筑物柱子上定出基准线 h_1(令 $h_1 = h_2$)。

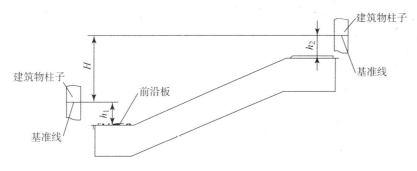

图 6 – 16 提升高度的确定

确定自动扶梯所在位置的方法如图 6 – 17(a)所示。从建筑物柱体的坐标轴 Y 开始,测量和调正 Y 轴和梳齿板后沿间的距离,横梁至框架结构端部间的距离应小于 70 mm,见图 6 – 17(b)。同样,也可以从柱体的坐标轴 X 开始,测量和调正 X 轴和梳齿板后沿间的距离,见图 6 – 17(a)。

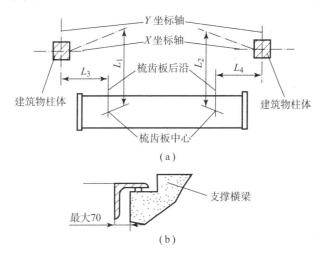

图 6 –17 自动扶梯安装坐标轴的确定

如果安装后的自动扶梯的提升高度和建筑物提升高度之间出现细小误差,可以采用下述对策。

(1)保持倾斜角,通过建筑物楼面修整减少误差。

(2)不要保持倾斜角,只能改变少许倾斜角,最大为 0.5°,来调整误差。

框架结构的水平度,可用经纬仪测量。使用经纬仪时,以其刻度垂直于梳齿板后沿的方式,据此调整正框架结构的水平度至小于 1.0/1 000 的范围。也可以使用气泡水准仪放在梳齿板后沿上进行测量,如需重新调整高度和其他距离时,应在保持上述水平度的条件下进行。

如果安装后的自动扶梯的提升高度和建筑物两层间应有的提升高度出现微小差异时,

可采用两种方案来解决。

（1）保持倾角，修整建筑物楼面以减小误差。

（2）少许改变倾角，约为0.5°，来调整误差。

金属结构的水平度，可用经纬仪测量。使用经纬仪时，以其上刻度垂直于梳板后沿的方式，据此调整金属结构的水平度到小于1‰的范围。也可以使用气泡水准仪放在梳板后沿上进行测量，如需重新调整高度和其他距离时，应在保持上述水平度的条件下进行。

自动扶梯金属结构安装到位后，可安装电线，接通总开关。

2. 部分梯级的安装

一般自动扶梯出厂时，驱动机组、驱动主轴、张紧链轮和牵引链条已在工厂里安装调试完成，梯级也已基本装好。一般留几级梯级最后安装。在分段运输自动扶梯至使用现场进行安装时，先拼接金属结构，然后吊装定位，拆除用于临时固定牵引链条和梯级的钢丝绳，用钢丝销将牵引链条销轴连接（见图6-18）。牵引链条连接后，可以点动自动扶梯试运行。

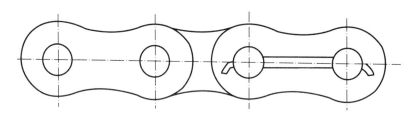

图6-18　牵引链条销轴连接

梯级装拆一般在张紧装置处进行。下面介绍一种方法。

将需要安装梯级的空隙部位运行至转向壁上的装卸口，在该处徐徐将待装的梯级装入（见图6-19）。然后，将梯级的两个轴承座推向梯级主轴轴套，并盖上轴承盖，拧紧螺钉（见图6-20）。

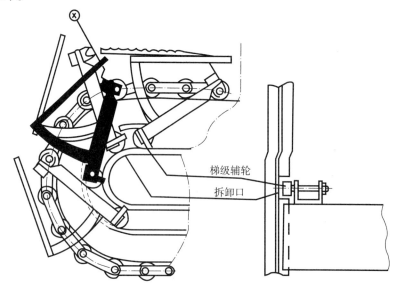

图6-19　梯级装拆

当大部分梯级装好后，开车上、下试运转，检查梯级在整个梯路中的运行情况。检查时应注意梯级踏板齿与相邻梯级踏板齿间是否有恒定的间隙，梯级应能平稳地通过上、下转向部分；梯级辅轮通过两端的转向壁及与转向壁相连的导轨接头处时所产生的振动与噪声应符合要求。停车后，应检查梯级辅轮在转向壁的导轨内有无间隙。方法是用手拉动梯级，如果有间隙，则表示准确性好；若无间隙，则可用手转动梯级辅轮。如果不能转动，就必须调正。然后，再检查另一梯级。

如果梯级略偏于一侧，则可对梯级轴承与梯级主轴轴肩间的垫圈进行调整（见图 6 - 20）。

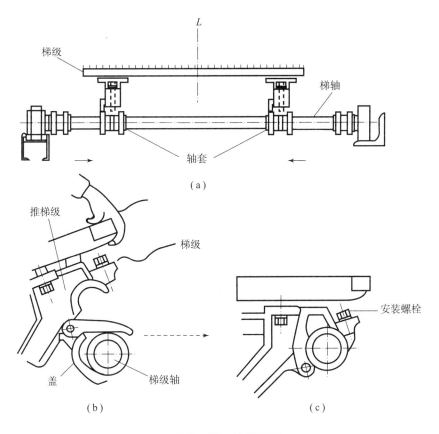

图 6 - 20　梯级安装

3. 扶手系统的安装

由于运输或空间狭窄等原因扶手部分往往未安装好就将自动扶梯直接运往建筑物内，在现场进行扶手的安装；或是在制造厂内将已经安装好的扶手部分卸下，或是在待安装的大楼前卸下扶手，在现场安装。因此，常常需要进行扶手部分拆卸与安装工作。当然，也可能在制造厂内将扶手装置安装好后连同自动扶梯其他部分一起运往工地。

图 6 - 21 所示是一种全透明无支撑扶手装置构造。现按这种结构来介绍扶手装置的拆卸和安装。

将已经装好钢化玻璃的自动扶梯扶手装置的精确位置标在支撑型材上。将扶手胶带从扶手导轨上徐徐脱出，放置在梯级上。松开固定螺母，拆下扶手导轨。在拆下转向弧段的

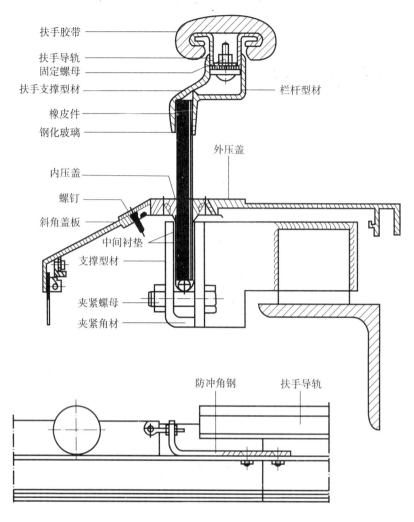

图6-21 扶手装置的构造

连接型材后，即可拆卸扶手支撑型材。此时，应注意不可损伤夹持钢化玻璃的橡胶件，如有照明设备应事先卸下。下一步是拆下用弹簧固定的内压盖，松开螺钉并取下斜角盖板和内压盖型材，此时应注意裙板的橡胶垫；拆下用弹簧固定的外压盖，同时，也要注意外镶板的橡胶垫。于是，可以拆除由钢化玻璃构成的栏杆，步骤是：松开夹紧螺母和夹紧角材，与此同时，要有两人用吸附工具稳住钢化玻璃并将它提出。应该注意的是，不可丢失玻璃下部的中间衬垫和上部橡皮件。

扶手系统的安装与前述的步骤相反。首先，松开夹紧螺母，放入中间衬垫，按夹紧螺母和支撑型材的所在位置放置。将钢化玻璃徐徐地插入支撑型材，对准拆卸时标注在支撑型材的记号，初步拧紧螺母。继续装入玻璃，并在相邻两块玻璃之间装入玻璃填充片，其间距离为2 mm，操作时应注意玻璃与玻璃不得相撞。待全部玻璃板插入支撑型材后，小心地将全部夹紧螺母拧紧。其次，将橡皮件装在玻璃板上端，同时，在玻璃的全长范围内以适当的力张紧使像皮件变薄，稍许涂些滑石粉，装上扶手支撑型材，并用橡皮锤将其砸实。以后，装入扶手导轨，并且将它擦净，在扶手导轨的连接处，必须光滑，不可出现尖棱。在扶手导轨和扶手胶带内侧清擦干净之后，将扶手胶带自上而下装上导轨并使它嵌进导轨。

下一步是安装斜角盖板，注意靠裙板的皮垫，用螺钉固定。内压盖板则固定于斜角盖板上。在自动扶梯试车时，检查扶手胶带的运转和张紧情况，并去除各钢化玻璃之间的填充片。

6.2.2　自动扶梯的调试

为了自动扶梯试车，必须进行若干工作。下面介绍常见自动扶梯的调试方法。

（1）自动扶梯试车前，必须拆除三级梯级和楼面盖板。在此以前，要做好现场的保护工作，用绳子围起来。

现以一种结构形式（见图6-22）来说明取下盖板的顺序。卸下盖板1上的保护螺钉，以专门工具拧入该螺钉孔内，提起盖板1，取掉盖板2。必要时（如检查梳齿板触点）可以清除落在梯级上或是嵌在凹槽里的杂物。扶手胶带应该擦净，以防污染自动扶梯的机械部件。

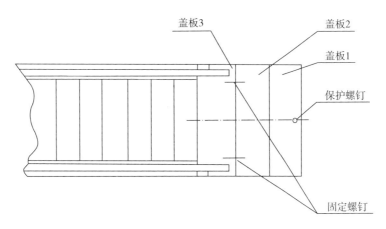

图6-22　取下盖板的顺序

测定和检查土建方面的各项安全设备。如果有几台自动扶梯时，它们应各有安全设备。在自动扶梯的上、下基坑内各有一只检修开关，检验时应将两只开关之一调到检修位置。

在上基坑中的主开关方面应注意以下事项。

①检查土建设备必须可靠接地，且接地线和零线必须始终分开。

②检查包括控制线路及扶手照明等分支线路是否与线路图样和当地规程相符。

③接通自动扶梯的动力接线，包括相位、零线和接地线；所有电气装置。

④接通电动机和控制电源主开关。

（2）对于检修开关应注意以下方面。

①检查自动扶梯是否能用钥匙开关启动。

②将两只检修开关调至"检修位置"，检查自动扶梯是否既不能用检修开关的运行按钮起动，也不能用钥匙开关起动。

③将两只检修开关之一调至"检修位置",检查用检修上行或下行按钮点动,检查驱动电动机旋转方向,也就是检查自动扶梯的运行方向是否正确。必要时,应改变电动机主开关中的两相接头加以修正。必须注意,在进行上述检查工作时,应事先切断总开关或保险装置。

④对照线路图,检查插座接头的电压是否正确。

(3)在自动扶梯上、下两端的裙板上各有一个操作控制盘,盘上有上、下行用的钥匙开关及急停按钮。应检查"检修"开关是否断开,操纵钥匙开关时自动扶梯的运动方向是否与所选方向一致,操纵两个止动按钮之一时,自动扶梯是否停止运行。

(4)在驱动机房和改向机房(张紧装置)内,应检查电气部件是否有防护罩壳,以防直接触电。机房内的电气照明应是永久和固定的。金属结构内空间的电气照明装置应为常备的手提灯,并配有电源插座。

(5)自动扶梯出厂时,减速器已经注入润滑油,工作300 h后,必须进行第一次换油。一般检查时,可以用测杆检查;如减速器侧面有注油管时,则停车时油位可确定。如果油损失,则需找出原因。

(6)应检查驱动主轴与驱动机组间传动链条的悬垂度。一般出厂前已经调好,但在使用初期链条的伸长常比较大。

调整的方法是:松开驱动机组的四只螺栓,借助张紧螺栓使机组移动,达到调整的目的。完成后,拧紧张紧螺母及4只螺栓(见图6-23)。

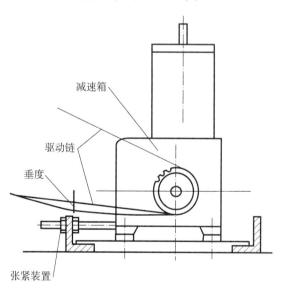

图6-23 传动链条垂度的调整

检查的方法是:在刚调好的状态下,链条从动侧的垂直度为5~10 mm。出厂前,传动链条都已润滑过,在长期停车后,应补加润滑油。

(7)扶手装置的传动链条在自动扶梯出厂时已经调整至适当的张紧度,但在开始运行阶段时伸长常比较大。扶手传动链往往位于梯级和扶手驱动轴之间,在自动扶梯的上端。拆下3个梯级可以放松扶手传动链。扶手传动链从动分支在初始安装阶段的下垂度为5~10 mm。

扶手胶带入口的毛毡挡圈不应与扶手胶带相摩擦。其间间隙不大于 3 mm。必须去除在该处可能卡住的异物。每个扶手胶带入口处内部都有一个触点，一台自动扶梯一共有 4 个。要求在有一个触点断开时，自动扶梯即停止运行。

（8）在自动扶梯的上、下出入口处，应检查梯级踏板齿与梳齿啮合情况是否良好。梯级通过定心轮时不可有冲击，如有，则应调整定心轮，必要时应该调整裙板。梯级与定心轮之间的间隙为 0～0.2 mm。定心轮侧边要低于踏板顶部 4～8 mm。梳齿与踏板啮合深度为 0.50 mm。裙板与梯级导块之间的间隙每边应为 0.5 mm。围裙板和梯级之间的侧面间隙每边不大于 4 mm，两边之和不大于 7 mm。裙板下部要进行清洁和润滑，因为该处起着梯级的导向作用。

综上所述，就某种结构形式而言，随着自动扶梯技术的不断发展，将出现新的结构形式，因而，自动扶梯的安装调试，也将出现新的方法。

6.3 自动扶梯和自动人行道的检验与维修

6.3.1 自动扶梯和自动人行道的检验项目及要求

1. 自动扶梯第一次使用前的注意事项

自动扶梯和自动人行道在第一次使用前（安装、大修或间歇一段时间后）经甲乙双方自检和质检后，必须报请质检部门进行安全技术检验（随同以下资料文件一并上报）。

（1）制造厂提供的资料和文件，包括安装布置图；电气原理图及其符号说明；安装、调试说明书；使用、维护说明书。

（2）安装单位提供的文件，包括安装验收报告。

（3）使用单位提供的文件，包括同意制造厂变更设计的证明文件。

新安装的扶梯的检查、验收和试验的主要内容，包括外观检查和验收；功能检查和验收；安全装置效能操作试验；空载条件下的制动试验；导体之间和导体对地之间不同电路的绝缘电阻试验。

新安装和在用自动扶梯的具体项目检验要求如下。

1）上平台、下平台机房

（1）机房内应保持清洁。

（2）在机房内应设有可切断动力电源的主开关。

（3）在机房内应设检修用手提灯电源插座。

（4）控制柜（屏）安装在机房内，其前应有宽度不小于 0.5 m，纵深为 0.6 m 的空间。

2）驱动系统

（1）驱动链及扶手驱动链应保证合理的张紧度，其松弛下垂量为 10～15 mm。

（2）工作制动器在扶梯运行时，制动闸瓦与制动轮间隙应均匀，间隙不大于 3 mm。

（3）梯级链、驱动链与扶手驱动链应保证润滑良好。

（4）链轮、链条及制动器工作表面应保持清洁。

3）梯级、梳齿与裙板

（1）梯级间的间隙：在使用区域内的任何位置，测量两个连贯梯级的脚踏面，其间隙不应超过 6 mm。

（2）梯级与裙板间的间隙：扶梯的裙板设在梯级的两侧，任一侧的水平间隙不大于 4 mm 或两侧间隙之总和不大于 7 mm。

（3）梳齿与梯级齿槽的啮合。梳齿与梯级脚踏板齿槽的啮合深度应不小于 6 mm。

（4）梯级导向及梯级水平段。梯级在进入梳齿前，应有导向，梯级在水平运动段内，连贯梯级之间高度误差应不大于 4 mm，梯级水平段至少为 0.8 m。

4）扶手带

（1）扶手带超出梳齿的延伸段，在扶梯出入口，延伸段的水平长度，自梳齿齿根起至少为 0.3 m。

（2）扶手带开口侧端缘与扶手导轨或扶手支架间的间距，在任何情况下不应大于 8 mm。

（3）扶手带中心线距离所超出裙板之间距离应不大于 0.45 m。

（4）扶手带入口保护装置。扶手带在扶手转向处的入口与楼层板的间距应不小于 0.1 m，不大于 0.25 m。扶手带在扶手转向处端部至扶手带入口处之间的水平距离，应不小于 0.3 m。扶手带的导向与张紧，应能使其在正常运行时不会脱离扶手导轨。扶手带距梯级脚踏面的垂直距离，应不小于 0.9 m，不大于 1.1 m。

5）扶栏与裙板

（1）朝向梯级一侧的扶栏应是光滑的。压条或镶条的装设方向与运行方向不一致时，其突出部分不应大于 3 mm，且应坚固和具有圆角或倒角边缘。此类压条或镶条不应装设在裙板上。

（2）裙板应垂直，上缘或内盖板折线处与梯级脚踏面之间垂直距离应不小于 25 mm。

（3）裙板应十分坚固、平整、光滑，相邻裙板应为对接，对接间隙应不大于 1 mm。

（4）内盖板和垂直栏板应具有与水平面不小于 25°的倾角。

（5）内外盖板的对接处应平齐与光滑，颜色一致。

6）部件安全装置

①应检查的安全装置包括：启动开关；急停按钮；驱动链断裂保护装置；梯级链断裂保护装置；超速限速器；防逆转保护装置；裙板保护装置；扶手带断裂保护装置；扶手带入口保护装置；梳齿板保护装置；扶手带驱动链断裂保护装置；梯级断裂保护装置；断相错相保护装置。

②各种安全保护开关应可靠固定，但不得使用焊接连接。安装后，不得因扶梯的正常运行的振动而使开关产生位移、损坏或误动作。

7）扶梯使用环境

（1）扶梯的出入口处应有足够容纳乘客的区域，宽度应与扶手带中心线之间的距离相等，深度应从扶手带转折处算起至少为 2.5 m。如容纳乘客区域宽度增至扶手带中心线之间距离的 2 倍，该区域深度允许减至 2.0 m。连贯而无中间出口的扶梯，应具有相同的理论输送能力。

（2）扶梯在出入口区应有一块安全立足的地面，该地面从梳齿根部算起纵深至少为 0.85 m。

（3）扶梯的梯级上空，垂直净高度应不小于 2.3 m（经有关部门批准的例外）。

（4）如建筑物的障碍物会引起伤害，必须采取恰当的预防措施，特别是在楼板交叉处和各扶梯交叉处，应在扶梯的扶栏上方设置一块无任何锐利边缘的垂直护板，其高度应不小于 0.30 m，且为无孔三角形。如扶手带中心线与任何障碍物之间的距离不小于 0.5 m，则不须遵照上述要求。

（5）扶梯与楼层地板开口部之间应设防护栏杆和防护栏座。另外，面对扶梯出入口的部分，应设置防儿童钻爬结构的护板。开口与扶梯之间距离在 200 mm 以上的，应设置防物品下落的防护网，护网的支架应采用钢材制作，网孔直径应小于 50 mm。

（6）照明：扶梯及其周围，特别是梳齿附近，应有足够的、适当的照明。允许将照明装置设在扶梯本身或其周围。在扶梯出入口，包括梳齿处的照明，应与该区域所要求照度一致。室内使用的扶梯，出入口处的照度不应低于 50lx，室外使用的扶梯，出入口处的照度不应低于 15lx。如果国家标准中没有其他规定，则按上述要求执行。

8）运行情况及检验

（1）扶梯的运行：所有梯级应顺利通过梳齿；所有梯级与裙板不得发生摩擦；连贯两梯级的脚踏板与起步板之间的啮合过程中无摩擦现象。

（2）整机性能：梯级上下垂直加速度不应大于 0.5 m/s^2；梯级上下水平加速度不应大于 0.5 m/s^2；在额定功率和额定电压下，梯级沿运行方向空载时所测得的速度与额定速度间的最大允许偏差为 ±5%。在扶梯出入口处楼层板以及梯级脚踏面上方 1 m 处测量扶梯上下行噪声应不大于 60 dB（A）。

（3）功能试验：对扶梯，应根据制造厂提供的主要功能表，对其主要功能进行检验。

（4）安全装置动作试验：扶梯的各种安全保护装置应动作灵敏、可靠。

（5）制动试验：在空载与有载工况下向下运行，扶梯的制动距离应符合表 6-3 的规定。

若速度在上述额定速度值之间，制动距离用插入法计算。制动距离的测量应在电气制动装置动作时进行。见表 6-3。

9）运行考核

在空载情况下，扶梯连续运行 2 h 不得有任何故障。

表 6-3　制动距离

额定速度/（m·s^{-1}）	制动距离/m
0.5	0.20 ~ 1.00
0.65	0.30 ~ 1.30
0.75	0.35 ~ 1.50

2. 自动扶梯和自动人行道检验的特殊要求

（1）制造扶梯应尽量推荐采用不易燃的材料。必要时，可加设消防喷淋装置。

（2）若扶梯必须在特殊条件下使用（如在露天或暴露在大气中），其设计标准、元器件及材料的选用，必须满足特殊条件。

3. 自动扶梯和自动人行道的整机安全装置检验

安全装置的检验包括以下内容。

（1）供电电源错相断相保护装置：将总电源输入线断去一相或交换相序，扶梯应不能工作。

（2）急停按钮：扶梯空载运行，人为动作入口或出口处的急停按钮，扶梯应立即停止运行。

（3）扶手带入口保护装置：用手指（或大小相近的物品）插入扶手带入口处，打板连接保护装置应动作，切断安全回路，扶梯应停止运行。

（4）扶手带断裂保护装置：扶梯空载运行时，人为动作扶手带断裂保护装置，扶梯应停止运行。

（5）防逆转保护装置：扶梯空载运行时，人为使防逆转保护装置动作，扶梯应立即停止运行，且制动器可靠地制动。

（6）超速保护装置：扶梯空载运行时，人为动作超速保护装置，扶梯应立即停止运行。

（7）裙板保护装置：扶梯空载运行时，在扶梯出入口处的裙板上施加一力，裙板保护装置应立即切断安全回路，扶梯立即停止运行。

（8）梳齿板保护装置：扶梯空载运行时，使用一专用工具卡入梳齿板，使其产生的位移超出与梯级的正常啮合范围，在梳齿不断裂的情况下，梳齿板保护装置应动作，扶梯停止运行。

（9）驱动链断裂保护装置：扶梯空载运行时，人为动作驱动链断裂保护装置，安全回路被切断，制动器立即动作，扶梯停止运行。

（10）梯级链断裂保护装置：扶梯空载运行时，人为动作梯级链断裂保护装置，切断安全回路，扶梯制动器立即制动，扶梯停止运行。

4. 整机性能试验

1）运行速度测试

（1）测试要求：扶梯空载运行，上下运行各测 3 次。

（2）测试方法：测量扶梯运行一段距离所需的时间。

2）扶手带与梯级运行速度差的测试

按上述要求和方法，分别测出扶手带和梯级上行与下行的运行速度。

3）制动距离测试

（1）测试要求：空载下行或有载下行，测试 3 次。

（2）测量方法：扶梯梯级从电气制动装置动作时起至完全停止所运行的距离。将测量结果取平均值。

4）运行振动加速度测试

（1）检验仪器：运行振动加速度测试，推荐采用频率响应范围不低于 100 Hz 的应变式或其他传感器。相应仪表和记录仪器的精度和频率范围应与传感器相匹配。要求记录运行振动加速度信号的频率范围上限为 100 Hz。为此，在测试系统中应取相应措施，如在测试系统中加低通滤波器或相应仪表带滤波系统。

（2）检验方法：在测试梯级运行的垂直振动加速度时，传感器应安放在梯级脚踏面的正中，并紧贴脚踏面，传感器的测试方向与脚踏面垂直。

测试梯级运行水平振动加速度时，传感器安放位置不变，但应分别平行于运行方向和垂直于其运行方向。测试在扶梯空载下进行（含测试仪器和测试人员 2 名），上行与下行各测 1 次。

5）扶梯部件检验

（1）驱动装置检验。

①制动器释放间隙检查：用塞尺测量制动器的闸瓦（制动带）与制动轮全长上的最大间隙与最小间隙。

②驱动装置跑合运行检验：空载跑合，接通电源，使驱动装置上行、下行各连续运行 60 min；加载跑合，50% 载荷上行、下行各连续运行 30 min；额定载荷时上行、下行各连续运行 60 min。

跑合试验内容：驱动装置运转的平稳性和有无异常响声，各连接件、紧固件有无松动，跑合试验停机 1 h 后，检查密封处、结合处的渗漏情况。

③温升试验：驱动装置在额定载荷下进行试验，油温冷却条件应与实际使用条件相同。

试验时，测量减速箱内润滑油温升和驱动电动机定子温升。测量位置应在减速箱壁内侧，温度计测头应浸入润滑油中。每 5 min 记录一次润滑油温度，油温稳定后试验时间不少于 30 min。温升试验可和驱动装置跑合试验同时进行。

④运行噪声试验：在驱动装置前后左右最外侧 1 m 处，高度为 0.5 m 及驱动装置 1/2 高度处，取 4 个测点；在驱动装置正上方高 1 m 处，取一测点。测此 5 处驱动装置空载运行的噪声值，上行、下行各测 1 次。

（2）梯级抗弯试验。

①静态试验：该试验应对完整的梯级，包括滚轮通轴或短轴（如果有的话），在水平位置（水平支撑）及梯级可适用的最大倾斜角度（倾斜支撑）情况下进行。试验方法，是在梯级脚踏面中央部位，通过一块钢制垫板，垂直施加一个 3 000 N 的力（包括垫板重量）。垫板面积为 200 mm × 300 mm，厚度至少为 25 mm，并使其 200 mm 的一边与梯级前缘平行。试验中测量梯级脚踏面的挠度。试验结束后，检查扶栏应无永久变形。

②动态试验：应在可适用的最大倾斜角度（倾斜支撑）情况下，与滚轮（不转动）通轴或短轴（如果有的话）一起进行试验。

试验中如有滚轮损坏，允许更换。试验采用与静态试验同样的垫板。试验以 5 ~ 20 Hz 的频率，施加 500 ~ 3 000 N 的脉动载荷，进行不低于 5×10^6 次循环。借此获得一个无干扰的谐振力波载荷应垂直施加于垫板上面。试验结束后，检查梯级是否断裂，以及有无永久变形（不得大于 4 mm）。

（3）扶手带断裂强度试验。

在试验室试验台架上，把扶手带试件两端固定，然后均匀缓慢加载，使其受拉直至断裂，记录断裂之前的最大承受力。

（4）扶栏装置的强度和刚度试验。

试验时，扶栏装置的安装、固定要与其实际工作状态相符。

①扶手带表面受力试验：在 0.5 m 长的扶手带表面，垂直施加一个 900 N 的均布力，检查受力后扶栏装置的变形、位移或断裂情况。

②扶栏受力试验：将 500 N 的力垂直作用于栏板的任一部位，此力均匀分布在 25 cm² 的面积上，检查其凹陷变形量（不得大于 4 mm）。试验载荷消除后，检查扶栏应无永久

变形。

③裙板受力试验：将 1 500 N 的力垂直作用于裙板最不利的部位，此力均匀分布在 25 cm^2 的面积上。受力时，检查其凹陷变形量。试验载荷消除后，检查扶栏应无永久变形。

（5）电气装置试验。

①绝缘试验：用 500 V 兆欧表检查控制柜（屏）内各导体之间及导体对地之间的绝缘电阻。动力电路、安全装置电路及其他电路要分别检查。试验时，电子元器件应予以断开。

②耐压试验：导电部分对地之间施以电路最高电压的 2 倍再加上 1 000 V，历时 1 min。然后检查各导电部分对地之间的绝缘。试验时，电子元器件应予以断开。控制柜（屏）耐压试验时，250 V 以下的电路部分除外。

③控制柜（屏）功能模拟试验：将已装配好的控制柜（屏）接到模拟试验台上，检查其功能是否正确、齐全。

6.3.2　自动扶梯和自动人行道的常见故障与排除

用户单位的维修人员必须按照生产单位提供的随机文件对自动扶梯和自动人行道进行检查和维修保养，发现故障及时进行排除。必须由经专业部门培训并取得上岗证书的人员排除故障并更换零部件。

1. 梯级的故障

梯级是乘客乘梯的站立之地，也是一个连续运行的部件。由于环境条件、人为因素、机件本身等原因造成的。主要故障包括：踏板齿折断；支架主轴孔处断裂；支架盖断裂；主轮脱胶。梯级故障的排除：更换踏板；更换支架；更换支架盖；更换主轮；更换整个梯级。

2. 曳引链的故障

曳引链是自动扶梯最大的受力部件，由于长期运行，磨损也相应较严重，主要故障包括：润滑系统故障；曳引链严重磨损；曳引链严重伸长。曳引链故障排除方法：更换曳引链；调整曳引链的张紧装置；清除曳引链的灰尘。

3. 驱动装置的故障

主要故障包括：驱动装置的异常响声；驱动装置的温升过快、过高。

驱动装置故障排除方法如下。

（1）检查电动机两端轴承。减速机轴承、蜗杆蜗轮磨损，带式制动器制动电动机损坏，单片失电、制动器的线圈和摩擦片间距调整不适合，驱动链条过松，上下振动严重或跳出。

（2）电动机轴承承损坏、电动机烧坏、减速器油量不足、油品错误、制动器的摩擦副间隙调整不适合、摩擦副烧坏、线圈内部短路烧坏。

（3）以上两条中的配件应修复，不能修复的配件应更换。

4. 梯路故障

主要故障包括：梯级跑偏；梯级在运行时碰擦裙板。原因为以下几方面。

（1）梯级在梯路上运行不水平，分支各个区段不水平。

（2）主辅轨、反轨、主辅轨支架安装不水平等。

（3）相邻两梯级间的间隙在梯级运行过程中未保持恒定。

（4）两导轨在水平方向平行不一致。

梯级故障的排除方法如下。

（1）调整主辅轨的全新导轨、反轨和支撑架。

（2）调整上分支主辅轮中心轨。

（3）调整上下分支导轨曲线区段相对位置。

5. 梳齿前沿板故障

梳齿板前沿板故障分析：扶梯运行时，梯级周而复始地从梳齿间出来进去，每小时载客 8 000～9 000 人次，梳齿的工作状况可想而知，梳齿杆易损坏；前沿板表面有乘客鞋底带的泥砂；梳齿板齿断裂造成乘客鞋底带进的异物卡住；梳齿的齿与梯级的齿槽相啮合不好，当有异物卡入时产生变形、断裂。

梳齿前沿板故障排除方法如下。

（1）扶梯出入口应保持清洁，前沿板表面清洁无泥砂。

（2）梳齿板及扶梯出入口保证梳齿的啮合深入。

（3）调整梳齿板、前沿板、梳齿与梯级的齿堵啮合尺寸。

（4）调整前沿板与梯级踏板上表面的高度。

（5）调整梳齿板水平倾角和啮合深度。

（6）当一块梳齿板上有 3 根齿或相邻 2 齿损坏，必须立即予以更换。

6. 扶手装置故障

扶手装置的故障常发生在扶手驱动部位，由于位置的限制，结构设计有一定的困难，易发生轴承、链条、驱动带损坏。用户单位在例行检查时，应适度调节驱动链的松紧程度；直线压带式的压簧不易过紧，圆弧压带式的压簧边不易过紧；各部轴承处按要求添加润滑脂。

扶手带长期运行，会发生伸长，通过安装在扶梯下端的调节机构把过长部分吸收掉。扶手带进运行时，圆弧端处有时发出沙沙声，这是因为：圆弧端的扶手支架内有一组轴承，此异常声往往是轴承损坏的信号，应及时更换。常用故障排除方法有：适度调整驱动链松紧度；调整压带簧松紧度；轴承链条驱动带损坏及时更换或修理。

7. 安全保护装置故障

安全保护装置故障主要有如下几种。

（1）曳引链过分伸长或断裂故障。

（2）梳齿异物保护装置故障。

（3）扶手带进入口安全保护装置故障。

（4）梯级下沉保护装置故障。

（5）驱动链断链保护装置故障。

（6）扶手带断带保护装置故障。

扶梯安全保护装置故障分析如下。

（1）当曳引链过分伸长或断裂时，曳引链条向后移动，行程开关动作后断电停机。

（2）梳齿板异物保护利用一套机构使拉杆向后移动，从而使行程开关动作断电停机。

（3）扶手带进入口安全保护装置利用杠杆作用放大行程后触及行程开关，从而达到停电。

（4）梯级下沉保护装置一旦发生故障，下沉部位碰到检测杆，使检测杆动作触动行程开关达到停机。

（5）驱动链断链保护装置是通过双排套筒滚子皮带，使动力通过减速机再传递给驱动主轴（按规定提升高度超过 6 m 时应配置此装置）。当驱动链断裂后能使行程开关断电。

（6）扶手带断带保护装置，当扶手带没有经过大于 25 kN 拉力试验须设置此保护装置；扶手带通过驱动轮使之传动，一旦扶手带断裂，受扶手带压制的行程开关上的滚转向上摆动而达到停电停机。

安全保护装置故障排除方法。

（1）检查曳引链压簧；检查曳引链行程开关；检查曳引链条向后移动碰块。

（2）检查异物卡机构；检查异物卡行程开关。

（3）检查扶手带入口安全装置，如碰板、行程开关等。

（4）检查梯级下沉装置；检查行程开关。

（5）检查驱动链保护装置并按规定调整。

（6）检查扶手断带保护装置。

8. 自动扶梯和自动人行道的常见故障与排除方法

自动扶梯和自动人行道的常见故障与排除，见表6-4。

表6-4　自动扶梯和自动人行道的常见故障与排除

故障现象	可能的故障原因	排除方法
梯路跑偏	主驱动轴中心位置两端不在一个水平平面上	调整主驱动轴中心位置的垂直与水平平面
	两驱动链轮有转角位置偏差	调整或修正两驱动链轮，使轮转角同步一致
	两边链条拉伸长度不一致或节距有误差；牵引链条张紧度不一致	调整张紧度或检查链条的节距并予修正
	上/下侧板主导轨圆弧曲率半径有偏差或导轨有偏移	校正侧板左右曲线导轨的曲率半径，使其一致
梯级运行时有抖动感	运行的直线导轨变形或左右导轨不在同一个平面位置上	校正导轨或予以修正
	梯级链条与梯级轴缺油或梯级链左右拉伸不一致	定期清除积尘或污垢，并上油予以润滑
	主机驱动链条拉伸或大小链轮的位置偏差（不在同一个平面上）或齿形变形，引起运行跳动	调整主驱动位置，并校正驱动链条使其具有一定的张紧度，或更换已坏的链条
	链条滚轮变形或已坏	更换已坏的滚轮
	导轨接缝处不平整，或有错位；导轨表面有积尘或污垢	调整、清洗

续表

故障现象	可能的故障原因	排除方法
扶手带跑偏	扶手带导轨变形或错位	修正或调整扶手带导轨以及扶手板的垂直度
	扶手导轨出入口位置偏移,扶手带入口处引导托轮位置歪斜	调整扶手出入口(端部)圆弧导轨的位置(保持与直线段的直线性以及垂直度)
	摩擦轮轴两端不在同一个水平平面位置上	调整或修正两摩擦轮的位置(水平与垂直)的一致性
	扶手带导向轮或反向滚轮组的位置歪斜或偏移	调整导向轮与反向滚轮组
梯级运行在转向处有撞击声	在下侧板的左右对称导轨上下的差异	转向板圆弧与直线导轨接缝有偏差
	转向板中心位置不在同一个水平平面上,由于左右滚轮运行的角速度不一致,加之间隙与梯级重量的存在而产生撞击的原因	修正转向板与直接导轨的接缝调整下主轨的间隙
	若上行时产生的撞击,另有下方主轨与反轨间隙过大的原因	调整转向板的中心位置
扶手带脱落或与梯级运行速度不同步	扶手带伸长	重新张紧扶手带 如果扶手带的伸长量已超过了许可值,则应更换扶手带
	摩擦轮轮毂磨损	重新张紧扶手带和压带 如果摩擦轮轮毂的磨损量已超过了许可值,则应更换摩擦轮
	压带磨损,松弛	重新调节压带的张紧度 如果压带已磨损过量,则应更换之
梯级或踏板擦碰梳齿板	梳齿板偏移	重新调节梳齿板的位置
	梯级或踏板跑偏	排除梯级或踏板跑偏的故障
	个别梯级或踏板有偏移	重新调节梯级或踏板的位置
梯级运行转向时有跳动	切向导轨过度磨损	更换切向导轨
	驱动道松弛或主机未固定好	对接缝处进行修整
梳齿板保护开关动作	梯级或踏板进入梳齿板时有异物夹住	排除异物,并使梳齿板和安全开关复位
驱动链张紧保护开关动作	驱动链断裂或过度伸长	更换驱动链,并使安全开关复位

续表

故障现象	可能的故障原因	排除方法
梯级（踏板）塌陷保护开关动作	梯级或踏板断裂、破损	更换损坏的梯级或踏板，并使安全开关复位
	梯级辅轮或牵引链滚轮损裂或过度磨损	更换损坏的滚轮，并使安全开关复位
牵引链张紧或断裂保护开关动作	牵引链条断裂	修整牵引链条，并使安全开关复位
	牵引链条过度伸长	重新调节链条的张紧度，并调整安全开关的相应位置
扶手带入口保护开关动作	扶手带入口处有异物夹住	排除异物，并使安全保护装置及安全开关复位
	扶手带与扶手带入口安全护套之间间隙太小	调整护套位置，使之与扶手带之间有一定间隙，以免相互碰擦、挤压
围裙板保护开关动作	梯级与围裙板之间有异物夹住	排除异物，并使围裙板及安全开关复位
	围裙板受碰撞	找出并排除围裙板受碰撞的原因，并使安全开关复位
	梯级或踏板因跑偏而挤压围裙板	排除梯级或踏板跑偏的故障
超速或欠速	有梯级或踏板损坏	更换损坏的梯级或踏板
	速度传感器偏位、损坏或感应面有污垢	重新调整传感器的位置 调整损坏的传感器 清洁感应面
相位监控时间装置动作	与电网相连的相序接错	相序只能在主端子作改变，重新连接三相动力线

知识拓展

无障碍自动天桥

"我们无障碍自动天桥（跨路电梯）新产品将在2018年前投产使用，希望能够助力北京2020无障碍通行，让北京早日实现无障碍城市，为2022年冬季残奥会提供优秀的无障碍通行设备，向世界展示中国制造。"在7月23—24日《无障碍自动天桥（跨路电梯）可行性论证》项目结题暨《无障碍自动天桥（跨路电梯）设计研发》方案论证会上，该项目组总负责人吴庆俊说道。

其实，在2016年5月中国国际电梯展上，无障碍自动天桥（跨路电梯）一经亮相，就受到参观者的广泛关注和欢迎。

中国电梯协会秘书长张乐祥对该产品提供给社会的服务理念，给予很高的评价和期许，希望该产品的使用，能够确实为无障碍通行提供支持，并对新产品的研发设计提了建议。

通行量大且运行安全可靠

《无障碍自动天桥（跨路电梯）设计研发》项目组魏兴介绍，无障碍自动天桥结构简单，系统拟采用曳引方式，驱动轿厢作"门"字形运动，只需一个驱动源，是目前最新型的自动化跨路天桥系统。而且运载能力强，它可以根据行人流量及场地选择额定载荷，从1吨至5吨设定系列化载重，承载人数能够达到10～60人，以单程60秒计，每小时通行量为500～3 500人。运行速度较快，垂直段速度可在0.5～1.5米/秒，水平段可达3～6米/秒，并且确保运行安全可靠。

魏兴说道，因为跨路电梯轿厢通过刚性构件行驶在刚性导轨上，在平移段，支撑轿厢的是刚性导轨，在过渡段和升降段，支撑轿厢的有曳引绳、对重绳、导轨。对重绳与动力构件没有相对摩擦运动，因而不存在因为失控而过渡摩擦造成断裂的问题。就是说在过渡段和升降段，即使曳引绳断裂，轿厢还始终与对重装置保持连接并沿导轨运动，不会造成轿厢自由坠落。

减少43 940吨CO_2排放

吴庆俊说，《无障碍自动天桥（跨路电梯）设计研发》项目组在北京、上海、广州、深圳和杭州五个城市调研，选取市中心地段的人行横道交叉口进行截停机动车数量的统计，根据所有测算数据取平均值，测定一个路口红绿灯截停机动车造成的能耗量为330吨标准煤/年，造成的排放量为532吨二氧化碳/年。

吴庆俊算了一笔账，假设一个大型城市安装100座无障碍自动天桥，能耗减少量为26 400吨标准煤/年，排放量减少量为43 940吨二氧化碳/年，预计减少经济损失6 000万元。

在现阶段城市建设过程中，经常因为过街天桥使用率低或设置不合理，在交叉口处同时设置有人行横道和过街天桥，造成资源的浪费，该项目的无障碍自动天桥由于其全自动、无障碍等特点，会在一定程度上规避上述情况的发生，有效地提高过街天桥使用率。

同时，不同领域的十几位与会专家分别从无障碍自动天桥的结构形式、驱动形式、传动形式、控制方式、主要技术参数以及应急救援预案等方面提出了建设性意见和建议。

思 考 题

1. 自动扶梯有哪些主要零部件？
2. 对自动扶梯润滑的主要作用是什么，应如何进行润滑？
3. 扶梯的主要安全装置有哪些？
4. 现场拼接扶梯时，应注意哪些安全事项？
5. 怎样对自动扶梯进行调试，其安全注意事项有哪些？
6. 对自动扶梯验收时应主要验收哪些部位？
7. 检验时应对扶梯进行哪些试验？

第 7 章

电梯的安全操作与常规保养

案例导入

电梯保养不当引发的悲剧

同一天晚报刊出两则电梯悲剧的消息,令人惊悚——南京一商场内,一名女性顾客不慎踏入正在维修的电梯井,径直从6楼坠落至底层,当场身亡;一小区居民楼电梯突发故障,失控后的电梯轿厢沉底后又急速上升,被困女子头破血流,当场不省人事。

说起电梯使用,上海享有两项"之最":早在20世纪初,上海就引进、安装了第一个电梯,是全国最早使用电梯的城市;目前上海电梯的总量已超过美国纽约,是全世界使用电梯最多的城市。后者极易理解,改革开放以来,上海随着经济社会的迅猛发展,市政建设也是日新月异,"旧貌换新颜"。在中国的版图上,上海堪称"弹丸之地",却要容纳两千多万人口。要支撑繁华的商业,只能"借天不借地"——多造高层楼宇商厦。楼层一高,电梯自然少不了;电梯一多,问题也自然少不了。其实,近年来,电梯事故常有所闻,或被卡,上下不得;或失控,直接坠落;或失灵,行止反常;或短路,悬空被困;等等。至于乘上某些居民小区的楼宇电梯,从关门到起步,从运行到停层,都会发出某种异样的声响,更是司空见惯的事儿。——从"防患于未然"的角度来说,有关部门应当正视这些电梯安全的隐患!

前些日子,我采访了质检部门,得出的一个结论就是:要确保电梯安全,防止电梯酿成悲剧必须多管齐下,严加管理。

首先是生产环节。电梯的质量无疑要有严格的标准,符合标准才能出厂,才能安装,才能使用。倘若以次充好,假冒伪劣,电梯的任何瑕疵都将潜伏"杀机"。其次是质检部门的检验。据悉,对电梯的检验有一套严格的程序和标准,它有对不符合要求的电梯"叫停"的权力。现实的问题是,质检部门的检验人员编制严重缺额,"僧少粥多——吃不了",与日俱增的电梯使用与极为匮乏的检验资源形成反差,最终导致质检部门来不及检验,只能简化程序,使得检验的标准也随之矮化。维修保养工作是涉及电梯安全的关键所在,更是马虎不得。然而,恰恰在这个环节上弊端颇多。按理说,电梯的维保是一项专业性极强的工作,亟需专门人员专职负责,但是,时下的电梯维保已推向市场,几乎都是一些民营企业包揽了这一业务,不可避免地存有两个问题:一是部分维保人员资质不够,甚至让一些农民工稍作培训就上岗;二是低价位竞争,使得某些老板为了赢利,只得偷工减料,该修的不修,该换的不换,做做表面文章而已。

任何产品都有一个"寿命"的问题,电梯也不例外。虽说品种不同,型号不同,产地不同,电梯的使用年限也不是划一的,但都会迟早面临一个"退休"问题。那么,居民小区的老电梯如何更新设备？由谁来更新？更新设备的费用如何筹集？这在我国的法律法规层面（如《物业法》），光像现今由政府财政拨款解决之，似并非良策，也不合规。但它又是一个刻不容缓的现实问题——老电梯超"年龄"、超负荷运行，危机四伏呵！

7.1 电梯的安全操作

7.1.1 电梯的基本操作

一部电梯能否正常使用，并经常处于良好状态，除要求电梯制造厂提供品质优良的产品，良好的安装质量和正确的维护保养以外，有些类型和在不同场所应用的电梯还同电梯司机的操作水平有关。一个操作技术优良的司机，不但能使电梯处于良好的运行状态，还可极大地减少事故的发生。那么，哪些类型、哪些场所的电梯需要电梯司机呢？通常有以下4类。

1. 手柄操纵控制电梯

手柄操纵控制电梯由司机操纵轿厢内的手柄开关，操纵电梯的起动，上、下和停层。在停靠站楼面上、下一定距离范围之内有平层区域，停站时司机只需在到达该区域时，使手柄开关回到零位，电梯就会以慢速自动到达楼面并停止。现在只有极少数在用货梯使用这种控制方式。

2. 轿内按钮控制电梯

轿内按钮控制电梯的按钮箱安装在轿厢内，由司机进行操纵，电梯只接受轿内按钮的指令，层站旁的召唤按钮只能以燃亮轿内召唤指示灯的方式，发出召唤信号，不能截停和操纵电梯。采用这种控制方式的常为载货电梯。

3. 信号控制电梯

信号控制电梯是一种自动控制程度较高的有司机电梯。通常除了具有自动平层和自动开门功能外，还具有轿厢命令登记，层站召唤登记，自动停层，顺向截停和自动换向等功能。采用这种控制方式的常为有司机客梯、货梯。

4. 部分集选控制电梯

集选控制电梯是一种高度自动控制的电梯，它与其他控制方式的主要区别是能实现无司机操纵。它除了具有信号控制方面的功能外，还具有自动应召服务，自动换向应答反向层站召唤等功能。现在，这种控制方式已广泛应用于客梯，但在实际应用中，一些特定的场所必须采用有司机操纵。在某些人员较复杂的场合：如住宅楼、医院、学校、某些人员较复杂的办公楼等。其他场合，各用户单位可以根据电梯所处场合，电梯用途自行决定，或到当地有关管理部门咨询。

集选控制电梯一般都设有有/无司机操纵转换。有司机操纵时。转换到有司机操纵档。无司机操作的自动电梯并非一劳永逸，单位应根据电梯台数多少配有一定数量的专职维修保养人员，或请负责电梯维护保养的单位定期进行维护保养和对电梯大修。用户单位至少有专人进行管理及联系维修、维护工作，处理应急事故。同时，自动电梯对乘客也提出了较高的要求。

5. 无操作人员的自动电梯对乘客的要求

（1）乘客在准备进入电梯乘坐前，应轻揿一下层站召唤按钮。绝对禁止强行在外面扒门，或采用粗暴行为及反复揿动按钮，避免损坏电梯及意外事故的发生。

（2）电梯到站时应注意电梯层楼指示灯运行方向，避免在乘电梯时造成不必要的往返。

（3）进入电梯后，根据所去层楼方向揿下按钮，切勿任意揿动其他无关按钮。

（4）当乘客很少，需减少电梯运行等候时间时，若要提前关门，可揿一下关门按钮。

（5）当电梯停止运行，或尚未运行时，需再开门时，可揿一下开门按钮，但切忌在起动或运行中揿动开门按钮。

（6）电梯运行中不允许背靠在电梯门上，不允许在电梯内跳动和嬉闹，电梯在停站时不要人为地挡住电梯门。

（7）若需用电梯运送货物，应与电梯管理人员取得联系，将电梯开关拨至有司机操作挡，由司机或管理人员操纵运行。

（8）当电梯在发生故障时应通过电话或其他报警装置与有关人员联系，严禁自行打开安全窗离开轿厢。

（9）电梯内不准吸烟，应讲究卫生，不允许用尖锐物损坏电梯表面，应文明乘梯。

7.1.2 对电梯司机的要求

（1）电梯操作人员必须进行安全技术培训，经地（市）级特种设备安全监察机构考核合格，取得特种设备作业人员操作证后方可独立上岗。

（2）有一定的文化程度，身体健康，无高血压、心脏病、精神病、恐高症等，有高度的工作责任心，能严格遵守安全操作规程。

（3）了解所操作电梯的一般技术技能，即运行速度，额定载重量，轿厢面积，层轿门尺寸等。

（4）熟悉所操作电梯的服务对象、层站数、层楼高度和电梯在本楼内的位置、通道、紧急出口、维修人员值班室等。还应知道电梯常年维修保养单位联系人的电话号码。

（5）了解所操作电梯基本结构和安全装置的一般原理，并能进行日常保养。

（6）发生紧急情况时应能采取应急措施，把乘客安全送出轿厢至安全地域。

7.1.3 电梯安全操作的基本要求

（1）电梯操作人员必须经专业培训，取得操作证后方能独立操作，不准无证操作。

（2）上岗前不得饮酒，工作时不得吸烟、看书报等。

（3）开启层门进入轿厢时，必须先检查轿厢所在位置，确认在本层后，方可进入轿厢。

（4）电梯正式使用前，应先将电梯上下试运行数次，检查安全开关、应急报警等装置，无异常现象，方可投入使用。

（5）电梯运行时，电梯操作人员应集中思想，不得做与工作无关的事。不得擅自离开工作岗位，如需离开，必须将电梯停在基站，并锁好层门。

（6）严格按电梯额定重量载人、载物，严禁超载；货梯严禁作为客梯使用。载货电梯轿厢内货物应放置稳妥、均匀，运送金属或笨重物品时应轻放轻移，防止砸坏轿底。

（7）不允许装运易燃、易爆的危险品，如遇特殊情况需经有关部门批准，并采取安全保护措施。轿厢内严禁吸烟。

（8）在等候装载货物或乘客时，司机与其他人员不得站在轿门和层门之间，应站在轿厢内或层门外等候。

（9）安全窗、安全门是电梯在运行途中发生故障或停电时，用来疏散乘客的重要设施。电梯正常运行时，不准开启安全窗运超长物件。

（10）不得短接层门或桥门电气连锁做正常运行。严禁在层门或轿门敞开的状况下，用检修速度作正常行驶。轿厢未停稳，不准打开轿门。

（11）电梯运行必须用手来操纵手柄或按钮开关，不准用身体的其他部位代替手。司机应劝阻乘客在轿厢内打闹和靠在门上。

（12）电梯在运行中严禁直接改变运行方向。如需改变方向，必须在电梯停止后运行。

（13）交栅门电梯，操作人员应时刻注意安全，严禁乘客把手、脚或物体伸出交栅门外。

（14）在救援和撤离人员时，必须按下急停按钮。

（15）司机发现电梯出现故障，应及时通知维修人员进行检修，并协助检修人员工作。

（16）电梯使用完毕后，应将轿厢停在基站，并按各电梯梯种要求锁好电梯。做好运行日志和交接班手续。

7.1.4 电梯交接班的基本要求

1. 交班操作人员应做到的事项

（1）认真填写本班运行日志，向接班人员介绍当班电梯运行情况、存在问题和下一班应注意的事项。

（2）在规定时间内接班人员缺勤时，交班操作人员应坚守工作岗位。

（3）交班操作人员如发现接班操作人员有饮酒或其他不正常现象时，不得进行交接，并将情况及时向领导汇报。

2. 接班操作人员的注意事项

（1）认真听取上班操作人员的工作情况汇报，查阅上班运行日志。

（2）检查操纵屏上各开关位置是否正确，各安全保护装置，如轿内急停开关、轿门安全触板等是否有效。

（3）将电梯上下运行数次，检查有无异常现象，严禁带病运行。

3. 电梯停驶后的安全操作

（1）电梯于每班工作完毕后，应将电梯开至基站，做好轿厢内清洁卫生。

（2）按各电梯梯种的锁梯要求，断开轿厢电源，关闭层、轿门并锁梯。

7.1.5 电梯发生故障时的安全操作

电梯在运行中可能出现各种故障，正确处理这些故障是避免事故发生的必备条件。下面列举一些电梯故障情况下的安全操作方法，供电梯司机参考。

1. 当电梯运行中突然停车时

当电梯运行中突然停车，轿厢处于平层区域时，操作人员应将安全开关断开，用人力打开轿门和层门，让乘客撤离。如轿厢处在两层楼之间时，操作人员应用报警装置或电话通知维修人员排除故障。如停电或故障不能及时排除时，应配合维修人员采取安全保护措施，组织乘客有秩序地安全撤离。维修人员在机房盘车时应由两人以上严格按紧急盘车操作程序进行。维修人员将轿厢盘至平层位置后，用层外钥匙打开层轿门，让乘客撤离。

2. 当电梯安全钳动作时

如遇电梯安全钳动作，操作人员应用报警装置或电话通知维修人员，看是否可用慢速将电梯向上开至就近层站，撤离乘客后检修。如无法向上开，且用手轮也无法移动轿厢时，操作人员应首先将安全开关断开，如在平层区域时，可用人力打开轿门和层门，将乘客撤离轿厢。如不在平层区，则打开安全窗，由维修人员打开相应的层门，采取安全保护措施后组织乘客有秩序地撤离。

3. 当电梯发生其他故障时

当电梯发生下列一些故障情况，操作人员应立即按下急停按钮或急停开关，让乘客撤离，同时通知维修人员修复。

（1）当电梯门已关闭，电梯不能起动时。

（2）发现电梯速度有明显升高或降低时。

（3）当发现电梯在层、轿门没有关闭而仍能起动运行时。

（4）当电梯的运行方向与指令相反时。

（5）当电梯在运行中有异常噪声、振动、冲击时。

（6）当发现电梯任何金属部位有麻电现象时。

（7）当电梯在选定层站，不能停站时，或停站位置不正确时。

（8）当电梯超越上、下端站而继续运行，直至限位开关或极限开关动作后才停止运行时。

（9）当发现电气部件因过热而散发焦臭味时。

7.1.6　电梯发生紧急故障时应采取的措施

电梯发生紧急故障时，常有异常的声响和震动，或轿厢内失去照明，极易造成乘客心理恐慌和混乱。司机的首要任务是稳定乘客情绪，尽快与外部取得联系，争取外部救援，下面分几种紧急故障分别加以说明。

（1）因电梯安全装置动作或外电停电而中途停机时，一方面告诉乘客不要惊慌，严禁拨门外逃；另一方面通过电梯厢内的紧急报警装置通知外界前来救助。

（2）电梯突然失控发生超速运行，虽然断电，还无法控制时，可能造成钢丝绳断裂而使轿厢坠落，或可能因漏电而造成轿厢自动行驶的，驾驶人员首先应按揿急停按钮，断开电源，就近停层。如电梯继续运行，则应重新接通电源，操作按钮使电梯逆向运行，如果轿厢仍自行行驶无法控制，应再切断电源，驾驶人员应保持冷静，等待安全装置自动发生作用，使轿厢停止，切勿跳出轿厢，同时告诉随乘人员将脚跟提起，使全身重量由脚尖支撑，并用手扶住轿厢，以防止轿厢冲顶或冲底而发生伤亡事故。

（3）当电梯发生严重的冲顶和蹲底后，如果电梯因某些原因失去控制或发生超速而无法控制，虽经按下急停按钮亦无法停止时，司机应保持镇静并稳定乘客情绪，切勿打开轿厢门企图跳出轿厢。如时间允许，司机可以提醒大家手扶轿壁，提起脚跟，膝盖弯曲以减小轿厢冲顶或撞底的冲击力对人体的影响。当电梯的各安全装置自动发生作用使电梯停止后，司机可以采取措施或通知有关人员协助撤离乘客。

（4）当电梯所在大楼发生火灾时，根据火灾轻重程度的不同，对可作消防员专用的电梯，用消防功能将乘客运到安全层站。对不是消防专用的电梯，司机应尽快将乘客送到安全层站，关闭各层门，切断电源，以防火势蔓延到其他楼层。

（5）当发生地震后，微震或轻震对电梯的破坏不大，可是轿厢或对重的导靴有可能脱出导轨，或有部分电线切断，此时开动电梯就可能引起意想不到的事故。因此，地震时应立即就近停站，尽快将乘客撤离。

（6）当电梯发生事故后，司机应立即停止运行电梯，切断电源，会同有关人员一起，抢救受伤人员，保护现场，并及时报告当地有关部门，等候处理。

当发生上述 6 种情况后，须经专业人员严格检查，整修后报有关部门验收合格方可使用。

7.1.7　电梯安全文明搭乘守则

（1）搭乘电梯前应留心松散、拖曳的服饰（例如，长裙、礼服等），以防被层门、轿门夹住运行，造成人身伤害。见图 7 - 1。

（2）请勿搭乘没有张贴电梯安全检验合格证或合格证超过有效期的电梯（合格证通常张贴于轿内明显的位置），这样的电梯有可能不安全。

（3）严禁企图搭乘正在进行维修的电梯，此时电梯正处于非正常工作状态，一旦搭乘容易发生安全事故。见图 7 - 2。

图 7 - 1　搭乘电梯前应拖曳的服饰　　图 7 - 2　严禁企图搭乘正在进行维修的电梯

（4）请勿让儿童单独乘梯，儿童一般不了解电梯安全搭乘规则，遇到紧急情况也缺乏及时、镇静的处理能力。见图 7 - 3。

图 7 - 3　请勿让儿童单独乘梯

（5）切忌使用过长的细绳牵领着儿童或宠物搭乘，应用手拉紧或抱住，以防细绳被层门、轿门夹住运行，造成安全事故。见图 7 - 4。

图 7 - 4　切忌使用过长的细绳牵领着儿童或宠物搭乘

（6）杂物电梯仅能用于运送图书、文件、食品等物品，没有针对载人的安全措施，严禁人员搭乘杂物电梯。

（7）请勿不加任何保护措施而随意将易燃、易爆或腐蚀性物品带入轿厢，以防造成人身伤害或设备损坏。禁止在轿内存放这类货物。

（8）乘客请勿将流水的雨伞、雨靴带入轿厢，清洁员在清洗楼板时不得将水流带入轿厢，以防弄湿轿厢地板而使乘客滑倒，甚至带入的水流顺着层门和轿门地坎间缝隙处进入井道而发生电气设备短路。

（9）搬运体积大、尺寸长的笨重物品搭乘时，应请专业人员到场指导协助，进出轿厢时切忌拖曳，也不得打开轿顶安全窗将长物品伸出轿外，以免损坏电梯设备，造成危险事故。见图 7 - 5。

图7-5 搬运超大物时应请专业人员到场指导

（10）警惕轿内的抢劫、凶杀、爆炸、性骚扰等犯罪行为，特别是在晚上或客流量较小的时候，应留意陌生人进出轿厢。

（11）当搭乘距离在两个楼层之内时，由于候梯时间的原因搭乘电梯未必能更先到达，而且可能会降低大楼电梯的总输送效率，建议走人行楼梯，同时也利于健康。

（12）呼梯时，乘客仅需按亮候梯厅内所去方向的呼梯按钮，请勿同时将上行和下行方向按钮都按亮，以免造成无用的轿厢停靠，降低大楼电梯的总输送效率。

（13）爱惜候梯厅内和轿内的按钮，要轻按，按亮后不要再反复按压，禁止拍打或用尖利硬物（如雨伞尖端）触打按钮，以免缩短按钮使用寿命，甚至发生故障。见图7-6。

（14）候梯时，严禁倚靠层门，以免影响层门开启或开门时跌入轿厢，甚至因层门误开（电梯故障）而坠入井道，造成人身伤亡事故。严禁手推、撞击、脚踢层门或用手持物撬开层门，以免损坏层门结构，甚至坠入井道。见图7-7。

图7-6 禁止拍打或用尖利硬物触打按钮

图7-7 严禁倚靠层门

（15）电梯层门、轿门开启时，禁止将手指放在层门、轿门的门板上，以防门板缩回时挤伤手指。电梯层门、轿门关闭时，切勿将手搭在门的边缘（门缝），以免影响关门动作，甚至挤伤手指。

（16）进入轿厢前，应先等层门完全开启后看清轿厢是否停在该层站（故障严重的电梯可能会出现层门误开），切忌匆忙迈进，以免造成人身坠落伤亡事故。切忌将头伸进井道窥视轿厢，以免发生人身剪切伤亡事故。

（17）进出轿厢前，应先等层门或轿门完全开启后，看清轿厢是否准确平层在该层站，即轿厢地板和候梯厅地板是否在同一平面（故障电梯会平层不准确），切忌匆忙举步，以免绊倒。切忌将手、腿伸入轿门与井道间缝隙处，以免轿厢突然起动造成剪切伤亡事故。

（18）进出轿厢时，注意拐杖、高跟鞋尖跟不要施力于层门地坎、轿门地坎或两者的缝隙中，以免被夹持或损坏地坎。

（19）请勿向电梯门地坎沟槽内丢扔硬币、果核等异物，以免影响层门、轿门的启闭，甚至损坏门系统。若不慎将物品落入到轿门与井道缝隙中，请勿自行采取措施，应立即通知电梯专业人员协助处理。见图7-8。

（20）进出轿厢时，切忌在轿厢出入口处逗留，也不要背靠安全触板（或光幕），以免影响他人搭乘或层门、轿门的关闭，甚至遇到开门运行故障时会发生人身剪切伤亡事故。进入轿厢后乘客应往轿厢里面站，请勿离轿门太近，以免服饰或随身携带的物品影响轿厢关门，甚至被夹住。

（21）搬运大件物品时，若需保持层门、轿门的开启应按住开门按钮"＜｜＞"，禁止用纸板、木条等物品插入层门、轿门之间，或用箱子等物件拦阻层门、轿门的关闭，以免损坏层门、轿门部件，造成危险。见图7-9。

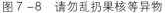

图7-8 请勿乱扔果核等异物

图7-9 搬运大件物品时严禁长时间开门

（22）电梯层门、轿门正在关闭时，请勿为了赶乘电梯或担心延误出轿厢而用手、脚、身体或棍棒、小推车等直接阻止关门动作。虽然正常的层门、轿门会在安全保护装置的作用下自动重新开启，但是一旦门系统发生故障就会造成严重后果。正确的方法是等待下次，或按动候梯厅内呼梯按钮，或按动轿内开门按钮，使层门、轿门重新开启。

（23）切勿超载搭乘电梯。轿厢承载超过额定载荷时会超载报警并且电梯不能起动，此时后进入的乘客应主动退出轿厢。严重超载时会发生溜梯，造成设备损坏或人身伤害事故。见图7-10。

图7-10 切勿超载搭乘电梯

（24）进入轿厢后，请勿乱按非目的层站按钮，以免造成无用的停靠，降低大楼电梯的总输送效率。正常情况下禁止尝试按动警铃按钮，以免误导电梯值班人员前来救援。

（25）请勿在轿内乱蹦乱跳，左右摇晃，以免安全装置误动作造成乘客被困在轿内，影响电梯正常运行。见图7-11。

图7-11 电梯内严禁乱蹦乱跳或左右摇晃

（26）请勿在轿内大声喧哗、嬉戏，请勿打开有臭味、刺鼻气味等特别异味物品的包装，以免影响他人搭乘，注意扶老携幼，讲究文明礼貌。

（27）轿厢运行过程中，禁止乘客企图用手扒动轿门。一旦扒开门缝，轿厢就会紧急制停，造成乘客被困在轿内，影响电梯正常运行。

（28）搭乘时切忌在轿内倚靠轿门，以免影响轿门的正常开启、损坏轿门或开启时夹持衣物，甚至会当轿门误开时造成人身伤亡事故。

（29）爱护轿内设施（例如，装潢、操纵盘、楼层显示器、警铃按钮、摄像头等），请勿将口香糖贴在按钮上，请勿在轿内乱写乱划，乱抛污物，保持轿内清洁，以保证电梯的使用寿命。见图7-12。

图7-12　保持轿厢干净，请勿乱写乱画

（30）禁止在轿厢内吸烟，以免影响他人健康，甚至引起火灾。见图7-13。

图7-13　禁止在轿厢内吸烟

（31）电梯因停电、安全装置动作、故障等原因发生乘客被困在轿内时，乘客应保持镇静，使用轿内报警装置电话、警铃按钮等通信设备及时与电梯值班人员联络，并耐心等待救援人员的到来。等候时为防止轿厢突然起动而摔倒，最好蹲坐着或握住轿厢扶手。专业人员前来救援时，应配合其行动。

（32）乘客被困在轿内时，严禁强行扒开轿门或企图从轿顶安全窗外爬逃生（安全窗仅供专业人员进行紧急救援或维修时使用），以防发生人身剪切或坠落伤亡事故。轿厢有通风孔，不会造成窒息；轿厢的应急照明能持续一段时间。见图7-14。

图 7 - 14　被困电梯时严禁强行扒开轿门

（33）乘客发现电梯运行异常（例如，层门、轿门不能关闭，有异常声响、震动或烧焦气味），应立即停止乘用并及时通知电梯专业人员前来检查修理，切勿侥幸乘用或自行采取措施。

（34）电梯所在大楼发生火灾时，禁止人员搭乘电梯逃生，应采用消防通道疏散。电梯的消防控制功能仅供专业的消防人员使用，不响应乘客的召唤。

（35）发生地震时，禁止人员搭乘电梯逃生。轿内乘客应设法尽快地在最近的安全楼层撤离轿厢。

（36）电梯发生水淹（例如，因大楼水管破裂）时，禁止乘客搭乘电梯。轿内乘客应设法尽快地在最近的安全楼层离撤轿厢。

（37）严禁非专业人员未经允许进入电梯机房、监控室、井道（通过检修门等）、底坑，以防受到运动的部件伤害，或者进行错误操作导致电梯发生事故。

（38）通往机房的通道和机房进出口请勿堆放物品，要保持畅通无阻，以免影响专业人员日常维保和紧急情况下的救援与修理或者堆放物引起火灾。

（39）电梯层门钥匙、操纵盘钥匙、机房门钥匙仅能由经过批准的且受过训练的专业人员使用，严禁非专业人员或乘客擅自配置而随便使用，以防造成人身伤亡事故或设备损坏。见图 7 - 15。

图 7 - 15　严禁非专业人员维修保养电梯

（40）禁止私自拆装候梯厅内、轿内的操纵盘等各类电梯部件（例如，当按钮面板松脱时）进行修理，以免造成电梯故障或遭到电击。见图7-16。

图7-16 禁止私自拆装电梯部件

（41）除使用说明书允许的载货电梯外，禁止使用机动叉车在轿厢内起卸货物，以免造成设备损坏。

（42）发现其他乘客有危险的乘梯动作或状态时，应善意地进行劝阻，并向其说明危险性。

7.2 电梯的使用管理

7.2.1 电梯行政管理规定

根据国家的有关规定，电梯属于特种设备。特种设备的设计、制造、安装、使用、检验、维修保养和改造，由质量技术监督部门负责质量监督和安全监察。产品必须符合有关国家标准与相应的监察规章的要求。

1. 生产许可证和安全认可证

对实施生产许可证管理的特种设备，由国家质量技术监督局统一实行生产许可证制度；对未实施生产许可证管理的特种设备，实行安全认可证制度。电梯产品为实行生产许可证制度的产品，未取得相应产品生产许可证的单位不得制造相应的产品。

2. 形式试验

（1）特种设备的新产品或部件必须在经过形式试验后方可提供给用户使用。

（2）电梯的安全部件，如限速器、安全钳、缓冲器、门锁等必须经形式试验合格后方可提供给用户使用。

（3）在中国境内销售境外制造的电梯产品或者部件，其同类型首台产品或部件必须由国家质量技术监督局指定的监督检验机构进行形式试验，合格后方可正式销售。

3. 安装、维修保养与改造

电梯的安装、维修保养与改造，应由具备相应资质并取得省级监察机构资格认可证书的单位进行。安装、大修、改造后的电梯必须经有法定检验资格的单位验收检验合格后方可投入使用。

4. 电梯的定期检验

在用电梯必须经认可的特种设备检验技术机构实施检验合格并取得安全检验合格标志，同时在有效期内方可使用。在用电梯的检验周期为一年。超过一年未检的电梯不得投入使用。

7.2.2 设备管理制度

本着谁管理谁负责的原则，电梯使用单位必须对所使用的电梯的使用安全负责。应按照有关规定及时申请相应的验收检验和定期检验。只有在相应检验合格后，将安全检验合格标志固定在电梯轿厢上方显著位置上，方可投入正式使用。

电梯使用单位还须加强电梯的使用管理。建立相应的管理制度和配备有效的维保力量，保证电梯安全运行。

1. 配备专职人员

（1）电梯使用单位为确保使用管理工作落实到位，要明确管理机构，明确管理人员，制订相应的管理职责，责任落实到人。

（2）明确电梯是否需配备专职操作人员，如需配备的，必须按要求配备。

（3）必须落实维修保养工作，有条件时维修保养人员可以是本单位的；维修保养人员必须经过地（市）级有关部门培训考核合格，做到持证上岗。否则应委托具有相应资格的单位承担维修保养工作。

2. 建立技术档案

为使电梯在投入使用后的维护保养、检修有完善的技术资料可供参考，应建立详尽的电梯技术档案。包括以下内容。

（1）装箱单。

（2）产品出厂合格证。

（3）井道及机房土建图。

（4）电气控制原理图、布线图、元器件代号目录。

（5）电梯使用、维护说明书。

（6）安装或大修自检报告书。

（7）安装或大修合同。

（8）变更设计证明文件（如有）。

（9）特种设备检验技术机构出具的验收检验和定期检验报告书。

（10）电梯运行记录，维修保养记录，故障检修记录。

（11）事故记录。

（12）电梯使用操作规程与管理制度。

3. 电梯操作制度

对各类电梯，使用单位必须建立相应的操作制度；制订操作规程和应急措施；定期进行检查督促，保证制度严格执行。

4. 完善电梯定期维保制度

各类电梯因使用环境的差异，对维护保养工作的周期和内容有不同的要求。使用单位应根据本单位的实际情况，制订相应的日常检查与定期维护保养制度。

7.3 电梯定期检查与保养

7.3.1 机房内的检查与保养

1. 曳引电动机

（1）经常清除电动机内部和换向器、电刷等部分的灰尘，不使积灰或水和油侵入电动机内部。

（2）每季度检查一次电动机绕组与外壳的绝缘电阻是否大于 0.5 MΩ。如阻值降低，应采取措施加以修复。

（3）电动机轴与减速器输入轴用联轴器连接，当采用刚性连接时其同心度应不超过 0.02 mm；如用弹性连接，则其同心度应不超过 0.1 mm，制动轮的经向跳动应小于 $D/300$（D 为制动轮的直径）。

（4）电动机炭刷的压力应保持在 0.15 ~ 0.25 kg/cm^2。

（5）电动机如为滑动轴承由甩油环润滑，要经常检查油面高度和油是否清洁，要保证油环转动灵活并把油带上来进行润油。同时应不使油从管路、阀门和油量观测器处泄漏。对于采用滚动轴承的电动机，制造厂出厂时都已加好较充足的润滑剂（一般为轴承脂），可使用 6 个月左右，到时应补充润滑剂。但润滑剂的品种牌号应符合制造厂的规定。

2. 电磁制动器

（1）应检查制动轮与减速器输入轴和键的结合在两侧有无松动，如有松动应予检修修复。

（2）制动器两侧闸瓦在松闸时应同时离开制动轮，其间隙应均匀，最好保持在 0.25 ~ 0.50 mm 之间，不得超过 0.7 mm。闸瓦上的瓦衬应无油垢，瓦衬磨损超过其厚度 1/4 以上或已露出铆钉头时应更换新的瓦衬。

（3）调整电磁铁心的气隙（气隙越小拉力越大），电磁铁的可动铁心与铜套间可加入石墨粉使之润滑。

（4）清洁制动器轴销与销孔内积灰或油垢，给以适当的润滑，使它动作灵活。如轴销与销孔磨损失圆，应更换新销和销套修复使用。

（5）调整制动器主弹簧的预紧力，使压力适当，在保证安全的前提下，满足平层准确和乘坐舒适的要求。

（6）制动器的线圈温升应不超过 60 K。

3. 曳引减速器

（1）减速器箱体内油量检查，使油量保持在油标尺规定量范围。通常下置式蜗杆传动油面应能浸没蜗杆齿高，但以不超过蜗杆中心线为限，以免油面过高而发生渗漏情况。对上置式蜗杆传动，最低油面浸到蜗轮齿高，最高油面以能浸末蜗轮直径 1/6 为限。

（2）减速器箱体的分割面、窥视盖等应紧密连接，不允许渗漏油，蜗杆轴伸出端渗漏油应不超过以下数值。合格品渗出油不超过 150 cm^2/h，一等品为 50 cm^2/h，优等品不应渗出油（0 cm^2/h）。

（3）箱内油质应符合出厂规定要求，我国一般都采用齿轮油（SYB1103~62S）冬季用 HL—20，夏季用 HL—30，一般应半年随季节变化而换油，油应滤清，不许含有颗粒类杂质，且不可以是半固体的脂状油。

（4）减速器在运行时不得有杂声、冲击和异常的震动。箱内油温不得高于 85 ℃，轴承温升不高于 60 ℃，否则应停机检查原因。消除杂声震动、高温后才能继续运行。

（5）检查蜗轮蜗杆的轴向游隙，由于电梯频繁地换向运行，蜗杆传动中产生的推力由推力轴承承受，该轴承磨损后，蜗杆的轴向游隙就会增加而超出标准。应结合季度或年度定期检修，调整蜗轮减速箱中心距调整垫片或轴承盖调整垫片，或更换轴承，使游隙保持在规定范围内。这种工作进行时常需吊起轿厢与对重，使曳引轮上悬挂的载荷全部解除后才能进行，要特别注意安全。

（6）应检查曳引减速器箱体、轴承座、电动机底盘等定位螺栓有无松动情况。当减速器使用日久，蜗轮蜗杆轮齿磨损过大，在工作中出现很大的换向冲击时应进行大修。调整中心距，或更换新的蜗轮蜗杆，蜗轮蜗杆轴向游隙如表 7-1 所示。

表 7-1　电梯年度保养项目内容及要求

序号	内 容 及 要 求	是/否
1	电梯全面清洁	
2	机房照明设备齐全，有足够照度	
3	电动机在运行时应平稳，无震动	
4	轿厢称量装置有效、准确	
5	上下极限开关、限位开关、强迫换速开关应工作正常有效	
6	井道、底坑照明齐全	
7	消防联动功能试验	
8	曳引机运行时不得有杂声、冲击和震动	
9	曳引轮轮槽无变形，磨损不超标，轮槽无油腻	
10	导向轮轴承无异常	
11	上行超速保护装置的接触器触点应清洁，无烧蚀	
12	上行超速保护装置的机械装置应动作灵活，可靠	
13	缓冲器复位性能试验	
14	对重距缓冲器距离	
15	制动器清理	
16	制动器动作应可靠，保持有足够的制动力	
17	制动器各销轴部位应润滑、灵活	
18	制动衬磨损不应大于原厚度的 1/3	
19	制动器打开时，闸瓦与制动轮不应发生摩擦	

序号	内　容　及　要　求	是/否
20	限速器销轴部位润滑转动灵活	
21	限速器轮槽清洁、无油腻	
22	限速绳清洁、无油腻	
23	限速器夹绳钳口无磨损，应有足够夹持力	
24	控制柜内各元器件应整洁	
25	控制柜内各元器件应整洁，各仪表指示（显示）正确，各接线应紧固	
26	控制柜接线整齐，线号齐全清晰	
27	动力电路绝缘性能测试	
28	其他电路绝缘性能测试	
29	接地电阻性能测试	
30	耗能缓冲器内油量适宜，柱塞无锈蚀	
31	选层器动静触点应清洁，无烧蚀	
32	警铃、通信系统应可靠有效	
33	轿厢照明应齐全，风扇工作应正常	
34	轿厢内应急照明应能正常工作	
35	轿厢内按钮应齐全有效	
36	轿厢内显示应正确	
37	外呼按钮应齐全有效	
38	外呼显示应齐全正确	
39	厅外消防开关正常、有效	
40	平层精度应达到标准要求	
41	厅轿门润滑良好	
42	厅轿门门头、地坎及各固定部位无松动，间隙尺寸无变化	
43	轿门开关门终端位置开关工作正常	
44	开门机构清洁、润滑	
45	缓冲器固定无松动	
46	自动门在开启和关闭时应平稳无震动，换速准确	
47	自动门防夹保护装置功能正常	
48	厅门自闭功能正常，用厅门钥匙开锁释放后能自动复位	
49	门锁触点应清洁，接触良好	

续表

序号	内 容 及 要 求	是/否
50	厅门锁紧元件啮合长度不小于 7 mm	
51	轿顶应清洁，检修功能正常	
52	导靴油杯、吸油毛毡齐全，油量适宜，保证油质	
53	靴衬、滚轮无变形、脱落	
54	曳引绳磨损、断丝未超标，无油腻	
55	限速绳磨损、断丝未超标，无油腻	
56	补偿绳磨损、断丝未超标，无油腻	
57	曳引绳张力均匀	
58	曳引绳绳头组合螺母无松动	
59	补偿链（绳）与轿厢、对重连接处固定无松动	
60	随行电缆检查，应无损伤	
61	上下限位、极限检查	
62	导轨支架固定无松动	
63	安全钳传动机构应灵活	
64	安全钳钳座固定无松动	
65	安全钳楔块与导轨间隙均匀，动作一致	
66	检修速度下行安全钳功能试验	
使用单位电梯安全管理人员确认（签字）	日 期	

注：经清洁、检查、润滑、调整、更换零部件等保养工作后功能正常的项目，在"是/否"一栏内划"√"；有不正常项目但不影响正常安全使用而要求另外安排处理的划"×"；无此项划"/"，有数据要求的填写实测数据。

4. 曳引轮与导向轮（包括反绳轮、复绕轮）

（1）检查曳引轮轮缘与转动套筒或其轮套与轴的结合处是否有松动或相对位移，可在结合处局部涂油后运转，就会显示出有无松动或相对位移。

（2）对曳引轮导向轮轴的轴承补充润滑剂，如系密封式轴承壳内装置的滚动轴承，每次加油可使用半年。

（3）检查曳引轮绳槽是否清洁，不许对绳槽加油，绳槽中有油污及钢丝绳表面有多余的润滑油时，应用抹布擦干。

（4）应检查绳槽磨损是否一致，当绳槽间的磨损深度差距超过曳引轮直径 1/10 以上时，可就地重车绳槽或更换新的曳引轮。对于带切口的半圆槽，当绳槽磨损至切口深度少于 2 mm 时，应重车绳槽，但车修后切口下面的轮缘厚度应不小于曳引钢丝绳直径。

（5）检查或就地车削曳引轮时可将轿厢停在上端站平层位置，将底坑内的对重架用木架垫实，利用机房顶部吊钩悬挂环链手拉葫芦（起重量3 t）用钢丝绳吊索将轿厢吊起，卸去曳引轮上的全部曳引钢丝绳，再用吊索将轿厢固定悬挂在曳引机承重梁上，然后腾出手拉葫芦去拆卸曳引轮，更换上新的曳引轮。也可用就地装置一套车刀架子，使曳引机转动在轿厢机房，重新车削曳引轮槽来修复槽形。然后再将曳引钢丝绳挂上曳引轮，用手拉葫芦使轿厢复位和拆除对重架上方的垫木架，再拆除手拉葫芦后才可进行试车运转。

（6）对曳引轮和导向轮的轮缘进行锤击试验，测定是否存在裂纹，如发现有裂纹应立即设法更换。

（7）检查曳引轮和导向轮所有的轴承螺栓都应紧固好。

5. 限速器与安全钳

（1）检查清洁限速轮与轴所积聚的污物，每周加油使之保持良好的润滑，使之能对速度变化反应灵敏，转动灵活，并保持限速器弹簧上的铅封完好。

（2）限速器的夹绳钳口的污垢应及时消除，使夹绳动作可靠。

（3）限速器张紧装置应经常加油，保证移动或转动灵活。

（4）检查安全钳拉杆和传动机构应清洁润滑，运动灵活无卡阻现象，提拉力及提拉高度均应符合要求。

（5）用塞尺检查安全钳楔块与导轨工作面间隙，使间隙一直保持在 2 ~ 3 mm 范围内。

（6）两侧安全钳的动作应同步，安全钳开关动作应迅速可靠。

6. 控制柜（屏）的检查与维修

（1）在经常巡视和定期检查中，通过仔细地直观检查后采取对策。

①用软刷和电吹风机清除控制屏内外及其全部电气部件上所积聚的灰尘，经常保持清洁状态。

②查明所有接线是否存在松弛、断路或短路，清除导线与接线端子之间存在的松动现象和与动触头连接的导线接头的断裂现象。

（2）检查控制柜内所有的接触器、继电器。

①清除接触器、继电器动作不灵活可靠的情况。

②检查各触点是否有烧蚀情况，对烧蚀严重，接触面凹凸不平，产生较大噪声的触点可用细锉刀精心修整（切忌用砂纸打磨）。修整触点外形时应做一块样板进行校正，使修整后的触点具有新触点同样的外形曲线，以保证使用的功能与寿命符合要求。

（3）检查更换控制柜（屏）内的熔断器时，应仔细校核各熔断丝的额定电流与回路电源额定电流是否相符合。对电动机回路，熔丝的额定电流应为电动机额定电流的 2.5 ~ 3 倍。

（4）检查控制柜（屏）内各导体之间及导体与地之间的绝缘电阻是否大于 $100 \ \Omega/V$ 且不得小于下列规定。

①动力电路及电气安全装置电路为 $0.5 \ M\Omega$。

②其他电路为 $0.25 \ M\Omega$。电路电压在 25 V 以下的除外。

③控制柜（屏）耐压检验（除 25 V 以下外），导电部分对地之间施以电路最高电压的 2 倍，再加 1 000 V，历时 1 min 后，不能有击穿或闪烁现象。

7. 三相桥式整流器

（1）注意所用熔断丝规格是否合适，以保证整流器不发生超负荷或短路的情况。

（2）整流器工作一定时间后，其输出功率将有所降低，这时只能提高其变压器的二次电压来补偿。

（3）整流器存放 3 个月以上，本身的功率损耗可能增大，在投入使用前应先进行"成形试验"。可按以下步骤进行。

①先加 50% 额定电压，历时 15 min。

②再加 75% 额定电压，历时 15 min。

③最后加至 100% 额定电压。

8. 曳引钢丝绳及绳头组合

（1）电梯曳引钢丝绳最少根数为 2 根，通常都用 3 根以上，为此应定期检查各根曳引钢丝绳所受拉力是否保持一致，相互差值应在 5% 以内。

（2）曳引钢丝绳表面应保持清洁，其芯部渗出的润滑油过多而在表面积聚并粘着粉尘等杂物时，应及时用沾有煤油或汽油的抹布抹干净（切忌用煤油冲洗，用刷子刷时只能沾些煤油，切勿使煤油渗入芯部而破坏其芯部原来浸渍时所含的钢丝绳绳芯油）。当钢丝绳使用时间较长而绳芯含油耗尽时，钢丝绳表面会因干燥而出现锈斑，这时应及时用薄质机械油涂在其表面，使油渗入麻芯以补充芯部含油量，然后抹干表面投入使用。

（3）当钢丝绳严重磨损，其直径小于原直径 90% 或钢丝绳内各根单丝磨损超过原直径 40%，有一股断裂时，该钢丝绳应立即停用报废换新。曳引绳锈蚀严重，点蚀麻坑形成沟纹，外层钢丝绳松动，不论断丝数或绳径变细多少，必须更换。

（4）钢丝绳绳头一般都采用绳头锥套，做花环结，浇铸巴氏合金的工艺方法，绳头的组合强度应不低于钢丝绳破断拉力的 80%。

（5）钢丝绳受载后将发生弹性伸长，为此应经常检查电梯轿厢在上端站平层时，对重底部碰板到缓冲器顶部的缓冲越程是否符合规定（弹簧式缓冲器 200～350 mm；液压式缓冲器 150～400 mm）。如该越程不符要求可通过调节绳头锥套螺栓加以调整；若已超过调整范围，则必须割短钢丝绳重做绳头。这个工作进行时必须使对重支撑于底坑下对重缓冲器上所架起的垫木上，轿厢由悬挂在机房顶部吊钩上的手拉葫芦吊起，然后卸下曳引钢丝绳才能进行，要注意工作过程中的安全要求，务必做到万无一失。

9. 选层器的检查与维修

（1）检查选层器上所有传动机构的情况，做到清洁，润滑，转动灵活，无卡阻。

（2）检查传动钢带、传动链条的情况，如发现有断带、断链或钢带链条与带轮、链轮啮合不良或松弛未拉紧等情况时，应及时修复与消除。

（3）检查选层器上动、静触点的接触可靠性并将压紧力调整到符合要求的状态。磨损较大不能修复的触点应及时换新。触点表面应保持清洁，烧蚀处应用细板锉精心修复。

（4）检查所有部位螺栓的紧固情况，如有松动应及时拧紧。

10. 极限开关的检查与维修

（1）极限开关应动作灵活可靠，用手拉动其作用钢丝绳应能正确地使开关断开，复位手柄应能使开关正确地复位接通。

（2）结合井道检查，试验轿厢上的撞弓与限位开关打脱架动作可靠的情况，必须要保证在轿厢超越正常运行上、下端站平层位置 50～200 mm 范围时，撞弓使打脱架动作，切断极限开关。

（3）每年按验收规范要求，做一次越程检查，要求能达到上述（2）的要求。

11. 机房的环境检查与保养

（1）机房应禁止无关人员进入，在检查维修人员离开时应锁住门。

（2）机房内平时应保持良好的通风，并注意机房的温度调节，使机房内的空气温度保持在 5 ℃ ~ 40 ℃范围内。最湿月月平均最高相对湿度为 90% 时，该月月平均最低温度不高于 25 ℃，且注意机房的空气介质中无爆炸危险，无足以腐蚀金属和破坏绝缘的气体及导电尘埃，并要求供电电压波动不大于 ±7% 。

（3）机房内控制柜、屏与机械设备的距离应不小于 500 mm，它们与墙壁的距离应不小于 600 mm。

7.3.2　层站设备的检查与保养

1. 井道的护围

如果井道围墙是用铁丝网作屏蔽时，应对所有层楼的屏蔽情况进行检查，特别要注意铁丝网的接头部分应牢固地定位和紧固。

2. 召唤按钮

可通过依次召唤轿厢到每一个层楼来检查，试验时可由检查者的助手在轿厢内配合驾驶电梯，并由该助手规定检查轿厢召唤指示器和位置指示器是否符合要求。

3. 层楼指示器

层楼指示器可结合召唤按钮检查时一并进行，要求指示与轿厢实际运行位置相吻合，如有差异应查明原因，使之吻合。

4. 层门

（1）检查各层层门的门轨道是否牢固和有足够的刚度，应定期清除门导轨上和门滑导轨中积聚的灰尘或油垢，并加注少量润滑油，使层门在开、关时轻快、灵活、无卡阻、无跳动、无噪声。

（2）检查悬挂门的滑轮是否有磨损而导致门扇下垂，这可由测量门下沿与地坎的间隙来决定，如门扇下垂后与地坎间隙小于 1 mm 时应更换门滑轮。

（3）任何一层的层门未关好和其门电锁触点未接通，电梯应无法起动运行。

（4）当电梯轿厢不在某一层时，这一层的层门应无法在层站上用手拉开（紧急开锁除外）。

（5）层门紧急开锁

当层门上装有这种装置时，应检查这个开关当轿厢不管停在哪一层，检查人员为了检修和其他紧急事件的需要都能在层门外用专用的钥匙打开层门。这个钥匙应由专人保管，以防止随便去开层门而导致人员跌入井道底坑里，而发生伤害事故。

7.3.3　轿箱的检查与保养

1. 轿门、层门电锁

（1）轿门平层时，轿门上的开门刀应能正确地插入层门上的钩子锁的两个滚轮之间，并随着轿门开启，脱开钩子锁锁头与锁的啮合，断开电锁触点，使轿厢停止运行，轿门与层门同时被打开。

（2）电锁与电气触点与锁头的结合接触长度应大于 7 mm。轿厢只能在锁紧元件啮合至少为 7 mm 时才能起动。

2. 轿厢操纵盘检查

经常检查操纵盘上的各接触器触点、按钮、开关的接触和磨损情况，必要时进行修理、调整和更换。

3. 对有关机构的检查

当轿厢安全钳是由轿底卷绳筒带动的形式时，应升起轿厢地板，对卷绳筒、安全绳及有关机构进行检查清洁和润滑。

4. 轿顶安全窗和轿厢侧面安全门

（1）轿顶安全窗应只能向轿外打开，门上装有安全触点，当门打开时该电气触点就断开，电梯就不能再开动。因此每次检修时，要对安全窗上所装的设备和电气触点进行清洗和保养工作。

（2）轿厢侧面安全门只能向轿内打开，门上也装有安全触点，当门打开时，该电气触点就断开，电梯就不能开动，应经常对电气触点进行保养和清洗。

5. 紧急报警装置

轿内可能装有铃、蜂鸣器或电话。

应试验这些报警装置，使这些紧急呼救的声音能传到大楼的值班室或有人的地方，并应能及时有效地应答。

6. 照明装置检查

应检查照明装置是否可靠，应确保地面与控制装置上至少有 50lx 的照度。照明开关的动作也应满足要求。

7. 运行状态检查

使轿厢沿井道上、下运行，并观察其停止时的制动效果，制动距离不宜过长以免轿厢平层停车时滑动过度而影响平层准确度。制动也不可太剧烈而引起轿厢的震动。同时应对加速度和减速度值进行测定，使起动加速度、制动减速度保持在国家规范允许的范围内。

7.3.4 轿顶的检查与保养

（1）用轿厢按钮或紧急操作的方法将轿顶移动到与层楼同一水平面的位置（底层除外），进入轿顶。但这时轿厢内应派一名助手值班，然后通过紧急开锁打开层门进入轿顶。

（2）检查轿顶上面的上横梁上的绳头板与绳头的结合是否牢固可靠（1:1电梯），或轿顶上横梁上反绳轮的支撑和润滑情况，应清除一切杂物灰尘和油垢。

（3）检查与修理自动开关门机

①对整个自动开关门机做好清洁润滑工作。

②检查开关门直流电动机炭刷的磨损情况，更换严重磨损的炭刷。

③检查开关门机构的传动是否灵活可靠，并调整传动胶带的张力，如胶带有拉长情况则可调节胶带轮的偏心轴和电动机底座螺栓，增加胶带传动中心距长度使之张紧。

④检查开关门的摇机和铰轴，应转动灵活、润滑良好、动作可靠。

（4）限速器钢丝绳。

①直观检查限速器的轧绳装置和有关的弹簧应保持清洁、润滑不生锈。

②在机房内由检查者的配合人员用手使限速器轧绳装置轧住限速器钢丝绳，该钢丝绳

应能带动轿厢架上横梁一侧的限速绳拉手动作去切断位于轿厢上横梁腹板上的安全钳开关，使曳引电动机和制动器失电停车。

③在安全钳开关复位后，限速器轧绳装置应能释放限速器钢丝绳，使它在下次超速下行时才能动作。

（5）轿厢导靴与导轨的润滑与检查。

①检查导靴座与轿箱架定位是否牢固正确。

②检查导靴与导轨的吻合情况。

a. 滑动导靴当其靴衬磨损超过 1 mm 以上时即应及时更换。

b. 弹簧式滑动导靴应检查导靴对导轨的压紧力，当因靴衬磨损而呈现松弛状态时，应更换新的靴衬使之保持压紧，或调整弹簧使之压紧。但磨损过多的靴衬应及时更换。

③滑动导靴应定期地适量加润滑剂，如配有自动注油设备，则应检查自动注油机中的存油量是否足够，并调整其注油量应适当，不宜过多也不宜过少。

④对滚轮式导靴、导轨表面不可加润滑剂。但应调整各个滚轮导靴的弹簧压力，使每组导靴三个滚轮都均匀地压在导轨工作面上。

⑤滚轮的轴承应添加润滑剂，当滚轮脱圈、剥落及轴承损坏时应及时更换。

⑥应详细检查导轨连接板和导轨压导板螺栓的紧固情况，一般每隔一年应对全部压导板螺栓进行一次重复拧紧。

（6）反绳轮（轿顶轮）的检查与修理。可采用与导向轮相同的要求和方法进行。

（7）对重检查与维修。

①对重导靴与导轨的检查维修要求与轿厢导靴和导轨的要求相同。

②检查对重定位铁是否将对重铁压紧在对重架内。运行时应无碰撞声，当紧急制动和安全钳轧住导轨，或对重撞底时，对重块应不会从对重架上掉下来。

③检查对重架上钢丝绳绳头是否正常或反绳轮转动是否灵活和正常。其要求与轿厢绳头和反绳轮相同。

（8）检查慢车和停层开关的动作。

①当用分层开关时，是在轿厢架上装开关，在井道每层停站位置装碰撞装置。这些开关与碰撞装置的位置应确定和牢固，相互配合适当。其中慢车开关在停车前动作使曳引机转入慢车平层速度，然后停车开关碰到碰撞装置使曳引电动机与制动器失电而制动停车。

②当采用干簧管感应器和平层板使电梯减速、平层和停车时，则应检查固定在轿厢架上的干簧管和固定在井道内的平层遮磁板相互的接合位置是否正确牢固，有无断线或接错线，以及干簧管内的触点能否按要求及时转换通断工况。

（9）检查上端站减速开关和极限开关。

①在轿顶用手推开上端站减速开关，应及时电梯减速，减速开关与轿厢撞弓的位置应相互配合，保证撞弓能推动减速开关。

②在轿顶用手断开上端站限位开关，应保证使电梯停车。轿厢撞弓与上端站限位开关应相互配合，保证每次接触时能使电梯停车。

（10）检查运行电梯。当电梯在井道中段有接线盒时，可在轿顶检查是否有松开或断裂的现象。并应检查电线是否与井道内任何东西相擦或相碰。

（11）在轿顶上作检查时应充分注意安全，集中精力注意站稳、站好，绝不可站在骑跨处工作。在进行各种工作时，应切断轿顶上的安全开关，使轿厢无法运行，只能轿顶检修人员认为需要升降轿厢时，才能由其自己发出指令，接通检修开关使轿厢运行。

7.3.5　轿底及地坑设备的检查与保养

（1）进入地坑应先打开地坑内的低压照明，然后按动地坑停车开关，切断电梯回路，使轿厢不能再运行。

（2）下端站减速开关与限位开关的检查维修，按与上端站相同的方法进行。

（3）轿底导靴。由检查人员站在地坑内，按与轿顶导靴相同的要求进行检查与维修。

（4）运行电缆。电缆的最低部分和与其轿厢固定部位应经常作检查，轿厢压缩缓冲器后，电缆不得与地坑地面和轿厢底边框接触。

（5）轿厢安全钳。

①瞬时安全钳的钳头或楔块，在轿厢正式运行时应脱离导轨相互间无任何接触。

②用手使限速器动作（在空载轿厢向下运行时）应能轧住限速绳，断开安全钳开关。当继续将限速绳向上拉时，可通过轿厢侧的限速绳使安全钳拉杆动作，最后使安全钳楔块或钳头能被两侧杠杆同时拉起，轧住导轨。

③当用渐进式安全钳，除以上要求外，应注意在制停轿厢时安全钳在导轨上的滑行距离应符合规范规定。

（6）轿厢与对重的缓冲器。

①对于弹簧式缓冲器应检查其定位螺栓位置是否正确和紧固，其顶面应保持水平并与轿厢或对重底部的碰板对准，弹簧应无变形和不生锈，表面应涂油漆保护。当轿厢在上端站平层位置时，对重底部碰板与其缓冲器顶面的垂直距离应保持在 200 ~ 350 mm。否则就应通过调节绳头螺栓直至重做绳头来保持这个距离。

②对于液压式缓冲器，应使其外露的柱塞部分保持清洁，涂抹防锈油脂加以保护。还应保证油缸中液压油的油量不低于油位线，一般应每季添加一次规定品种的液压油。并应定期检查液压缓冲器的复位功能，应反应灵敏和正常。如液压缓冲器未复位，电梯轿厢应无法运行。当轿厢在上端站平层位置时，对重底部碰板与其缓冲器顶面的垂直距离应保持 150 ~ 400 mm，否则应通过调节绳头螺栓直至重做绳头来保持这个距离。

（7）限速器钢丝绳张紧装置。限速器钢丝绳张紧装置的滑轮架应能自由滑动在其轨道上，应注意对其运动部分做清洁润滑工作。当限速钢丝绳断裂或松弛时，断绳保护开关应切断控制电路，使电梯停止运行或无法起动。

（8）机械选层器的钢带张紧装置的断带保护装置的检查维修要求与限速器钢丝绳相同。

（9）补偿链或补偿钢丝绳的检查。

①补偿链应用消声绳包扎，以消除其运行时的噪声，应检查这方面的情况。

②补偿绳常用张紧轮加配重张紧，应对张紧装置的运动部分予以清洁与润滑，使能在其轨道上滑行，遇有断绳情况时，应能使断绳开关及时断开，使电梯停止运转。

7.3.6　电梯常规保养项目与要求

（1）电梯进行维护保养必须遵守电梯维护保养安全操作规程。电梯的维护保养分为日常性的和专业性的维护保养。

①日常性的维护保养工作由具有质量技术监督部门认可的，具有相应资格证的人员承担，专业的维护保养应有与电梯维护保养资格的专业保养单位签订维护保养合同。

②电梯每次进行维护保养都必须有相应的记录，电梯安全管理人员必须向电梯专业维护保养单位索要当次维护保养的记录，并进行存档保管，作为电梯档案的内容。

③日常性维护保养记录由本单位电梯作业人员填写，每月底将记录内容报送电梯安全管理人保管、存档。

④电梯日常性的维护保养内容应按照电梯产品随机文件中维护保养说明书的要求进行，专业性维护保养按照签订合同的内容、周期进行。

⑤电梯重大项目的修理应由经资格认可的维修单位承担，并按规定向质量技术部门的特种设备安全监察机构备案后方可实施。

⑥电梯安全管理人员对在电梯日常检查和维护中发现的事故隐患应及时组织有关人员或有关单位进行处理，存在事故隐患的电梯严禁投入使用。

（2）电梯日常管理人员应监督电梯作业人员做好各种记录，及时将各种记录移送档案部门保管。见表7-1。

电梯应急救援预案

为了保障电梯乘客在乘梯出现紧急情况时能够得到及时解救，帮助人们应对电梯紧急情况，避免因恐慌、非理性操作而导致伤亡事故，最大限度地保障乘客的人身安全以及设备安全，特制定如下电梯应急救援预案和应急处理措施，供电梯使用单位参考，各单位根据本单位实际情况，进行修改、制定。

一、电梯的应急管理

1. 电梯使用管理单位应当根据《特种设备安全监察条例》及其他相关规定，加强对电梯运行的安全管理。

2. 电梯使用管理单位应当根据本单位的实际情况，配备电梯管理人员，落实每台电梯的责任人，配置必备的专业救助工具及24小时不间断的通信设备。

3. 电梯使用管理单位应当制定电梯事故应急措施和救援预案。

4. 电梯使用管理单位应当与电梯维修保养单位签订维修保养合同，明确电梯维修保养单位的责任。

5. 电梯发生异常情况，电梯使用管理单位应当立即通知电梯维修保养单位，同时由本单位专业人员实施力所能及的处理。

6. 电梯使用管理单位应当每年进行至少一次电梯应急预案的演练，并通过在电梯轿厢内张贴宣传品和标明注意事项等方式，宣传电梯安全使用和应对紧急情况的常识。

二、电梯使用管理单位接报电梯紧急情况的处理程序

①值班人员发现所管理的电梯发生紧急情况或接到求助信号后，应当立即通知本单位专业人员（持证）到现场进行处理，同时通知电梯维保单位。

②值班人员应用电梯配置的通信设备或其他可行的方式，详细告知电梯轿厢内被困人

员应注意的事项。

③值班人员应当了解电梯轿厢所停的位置、被困人数、是否有病人或其他危险因素等情况，如有紧急情况应当立即向有关部门和单位报告。

④电梯使用管理单位的专业人员（持证）到达现场后可先行实施救援程序，如自行救助有困难，应当配合电梯维保单位或电梯救援中心实施救援。

三、电梯应急救援

（一）电梯困人应急救援预案

1. 乘客在遇到电梯紧急情况时，应当采取以下求救和自我保护措施：

①通过警铃、对讲系统、移动电话或电梯轿厢内的提示方式进行救援。

②与电梯轿厢门保持一定距离，以防轿厢门突然打开。

③在救援人员达到现场前不得撬砸电梯轿厢门或攀爬安全窗，不得将身体任何部位伸出电梯轿厢外。

④保持镇静，可做抱头屈膝，以减轻电梯急停时对人体造成的伤害。

2. 到达现场的救援专业人员应当先判别电梯轿厢所处的位置再实施救援。

A. 电梯轿厢高于或低于平层位置0.5米以上时，执行如下救援程序：

①至少需要3名专业人员（持证）迅速赶往机房。

②关闭电梯总电源（应保留照明电源），然后根据平层图的标示判断电梯轿厢所处楼层。

③由一人安装手动盘车轮，确认安装完毕后，由两人握持盘车轮，一人用松闸扳手缓慢松闸，再根据轿厢所在位置的就近楼层缓慢盘车至平层位置，松开松闸扳手。

④用层门开锁钥匙打开电梯层门、轿厢门。

⑤疏导乘客离开轿厢，防止乘客因恐慌引发的骚乱。

⑥重新关好电梯层门、轿厢门。

⑦在电梯没有排除故障前，应在各层门处设置禁用电梯的指示牌。

B. 如电梯轿厢高于或低于平层位置0.5米以内时，执行如下救援程序：

①关闭电梯总电源（应保留照明电源）。

②用层门开锁钥匙打开电梯层门、轿厢门。

③疏导乘客离开轿厢，防止乘客因恐慌引发的骚乱。

④重新关好电梯层门、轿厢门。

⑤在电梯没有排除故障前，应在各层门处设置禁用电梯的指示牌。

（二）发生火灾时，电梯使用采取的应急措施

1. 立即向消防部门报警。

2. 由专业人员（持证）按下电梯的消防按钮（电梯有消防功能），使电梯进入消防运行状态，以供消防人员使用；对于无消防功能的电梯，应立即将电梯直驶至首层并切断电源或将电梯停于火灾尚未蔓延的楼层。在乘客离开电梯轿厢后，将电梯置于停止运行状态，用手关闭电梯轿厢层门、轿厢门，切断电梯总电源（包括照明电源）。

3. 井道内或电梯轿厢发生火灾时，立即停止运行，疏导乘客安全撤离，切断电源，用灭火器进行灭火。

4. 有共用井道的电梯发生火灾时，应当立即将其余尚未发生火灾的电梯停于远离火

灾区，或交给消防人员使用。

5. 相邻建筑物发生火灾时，应当立即停止运行电梯，以避免因火灾停电造成的困人事故。

（三）发生地震时，电梯使用采取的应急措施

1. 已发布地震预报的，应根据地方政府发布的紧急处理措施，决定是否停用电梯，何时停用。

2. 震前没有发生临震预报而突发地震的，如强度较大在电梯内有震感时，应立即停止运行，疏导乘客安全撤离。

3. 地震后应当由专业人员（持证）对电梯进行检查和调试运行，正常后方可恢复使用。

（四）发生湿水时，在对建筑设施及时采取堵漏措施的同时，电梯还应采取的应急措施

1. 当楼层发生水淹没而使井道或底坑进水时，应当将电梯轿厢停于进水层的上两层，切断总电源。

2. 如机房进水较多时，应立即停止运行，切断进入机房的所有电源，并及时处理漏水的情况。

3. 对已经湿水的电梯，要及时进行除水除湿处理，在确认已经处理后，经试运行无异常，方可恢复使用。

4. 电梯恢复使用后，要详细填写湿水检查报告，对湿水原因、处理方法、防范措施等纪录清楚并存档。

（五）电梯使用管理单位的事故善后处理工作

1. 如有乘客重伤，应当按事故报告程序进行紧急事故报告。

2. 向乘客了解事故发生的经过，会同事故调查部门调查电梯故障原因，协助做好相关的取证工作。

3. 如属电梯故障所致，应当督促电梯维保单位尽快检查并修复。

4. 及时向相关部门提交事故情况汇报资料。

思 考 题

1. 电梯安全操作的基本要求是什么？
2. 电梯发生紧急故障时应采取怎样的应急措施？
3. 电梯有哪些主要的行政管理要求？
4. 电梯技术档案应有哪些内容？
5. 安全乘坐电梯有哪些注意事项？
6. 电梯定期检查与保养包括哪些内容？

附　录

电梯常用名词术语

一、一般术语

1. 平层准确度　leveling accuracy：轿厢到站停靠后，轿厢地坎上平面与层门地坎上平面之间垂直方向的偏差值。

2. 电梯额定速度　rated speed of lift：电梯设计所规定的轿厢速度。

3. 检修速度　inspection speed：电梯检修运行时的速度。

4. 额定载重量　rated load；rated capacity：电梯设计所规定的轿厢内最大载荷。

5. 电梯提升高度　travelling height of lift；lifting height of lift：从底层端站楼面至顶层端站楼面之间的垂直距离。

6. 机房　machine room：安装一台或多台曳引机及其附属设备的专用房间。

7. 机房高度　machine room height：机房地面至机房顶板之间的最小垂直距离。

8. 机房宽度　machine room width：机房内沿平行于轿厢宽度方向的水平距离。

9. 机房深度　machine room depth：机房内垂直于机房宽度的水平距离。

10. 机房面积　machine room area：机房的宽度与深度的乘积。

11. 辅助机房；隔层；滑轮间　secondary machine room；secondary noor；pulley room：机房在井道的上方时，机房楼板与井道顶之间的房间。它有隔声的功能，也可安装滑轮、限速器和电气设备。

12. 层站　landing：各楼层用于出入轿厢的地点。

13. 层站入口　landing entrance：在井道壁上的开口部分，它构成从层站到轿厢之间的通道。

14. 基站　main landing；main floor；home landing：轿厢无投入运行指令时停靠的层站。一般位于大厅或底层端站乘客最多的地方。

15. 预定基站　predetermined landing：并联或群控控制的电梯轿厢无运行指令时，指定停靠待命运行的层站。

16. 底层端站　bottom terminal landing：最低的轿厢停靠站。

17. 顶层端站　top terminal landing：最高的轿厢停靠站。

18. 层间距离　floor to noor distance；internoor distance：两个相邻停靠层站层门地坎之间距离。

19. 井道　well；shaft；hoistway：轿厢和对重装置或（和）液压缸柱塞运动的空间。此空间是以井道底坑的底井道壁和井道顶为界限的。

20. 单梯井道　single well：只供一台电梯运行的井道。

21. 多梯井道　multiple well；common well：可供两台或两台以上电梯运行的井道。

22. 井道壁　well enclosure；shaft well：用来隔开井道和其他场所的结构。

23. 井道宽度　well width；shaft width：平行于轿厢宽度方向井道壁内表面之间的水平距离。

24. 井道深度　well depth；shaft depth：垂直于井道宽度方向井道壁内表面之间的水平距离。

25. 底坑　pit：底层端站地板以下的井道部分。

26. 底坑深度　pit depth：由底层端站地板至井道底坑地板之间的垂直距离。

27. 顶层高度　headroom height；height above the highest level served；top height：由顶层端站地板至井道顶，板下最突出构件之间的垂直距离。

28. 井道内牛腿；加腋梁　haunched beam：位于各层站出入口下方井道内侧，供支撑层门地坎所用的建筑物突出部分。

29. 围井　trunk：船用电梯用的井道。

30. 围井出口　hatch：在船用电梯的围井上，水平或垂直设置的门口。

31. 开锁区域　unlocking zone：轿厢停靠层站时在地坎上、下延伸的一段区域。当轿厢底在此区域内时门锁方能打开，使开门机动作，驱动轿门、层门开启。

32. 平层　leveling：在平层区域内，使轿厢地坎与层门地坎达到同一平面的运动。

33. 平层区　leveling zone：轿厢停靠站上方和（或）下方的一段有限区域。在此区域内可以用平层装置来使轿厢运行达到平层要求。

34. 开门宽度　door opening width：轿厢门和层门完全开启的净宽。

35. 轿厢入口　car entrance：在轿厢壁上的开口部分，它构成从轿厢到层站之间的正常通道。

36. 轿厢入口净尺寸　clear entrance to the car：轿厢到达停靠站，轿厢门完全开启后，所测得门口的宽度和高度。

37. 轿厢宽度　car width：平行于轿厢入口宽度的方向，在距轿厢底的高处测得的轿厢壁两个内表面之间的水平距离。

38. 轿厢深度　car depth：垂直于轿厢宽度的方向，在距轿厢底部的高处测得的轿厢壁两个内表面之间水平距离。

39. 轿厢高度　car height：从轿厢内部测得地板至轿厢顶部之间的垂直距离（轿厢顶灯罩和可拆卸的吊顶在此距离之内）。

40. 电梯司机　lift attendant：经过专门训练、有合格操作证的授权操纵电梯的人员。

41. 乘客人数　number of passengers：电梯设计限定的最多乘客量（包括司机在内）。

42. 油压缓冲器工作行程　working stroke of oil buffer：油压缓冲器柱塞端面受压后所移动的垂直距离。

43. 弹簧缓冲器工作行程　working stroke of spring buffer：弹簧受压后变形的垂直距离。

44. 轿底间隙　bottom clearances for car：当轿厢处于完全压缩缓冲器位置时，从底坑地面到安装在轿厢底下部最低构件的垂直距离（最低构件不包括导靴、滚轮、安全钳和护脚板）。

45. 轿顶间隙　top clearances for car：当对重装置处于完全压缩缓冲器位置时，从轿厢顶部最高部分至井道顶部最低部分的垂直距离。

46. 对重装置顶部间隙　top clearances for counterweight：当轿厢处于完全压缩缓冲器的位置时，对重装置最高的部分至井道顶部最低部分的垂直距离。

47. 对接操作　docking operation：在特定条件下，为了方便装卸货物的货梯，轿门和层门均开启，使轿厢从底层站向上，在规定距离内以低速运行，与运载货物设备相接的操作。

48. 隔层停靠操作　skip-stop operation：相邻两台电梯共用一个候梯厅，其中一台电梯服务于偶数层站；而另一台电梯服务于奇数层站的操作。

49. 检修操作　inspection operation：在电梯检修时，控制检修装置使轿厢运行的操作。

50. 电梯曳引形式　traction types of lift：曳引机驱动的电梯，当机房在井道上方的为顶部曳引形式；当机房在井道侧面的为侧面曳引形式。

51. 电梯曳引绳曳引比　hoist ropes ratio of lift：悬吊轿厢的钢丝绳根数与曳引轮单侧的钢丝绳根数之比。

52. 消防服务　fireman service：操纵消防开关能使电梯投入消防员专用的状态。

53. 独立操作　independent operation：靠钥匙开关来操纵轿厢内按钮使轿厢升降运行。

二、电梯零部件术语

1. 缓冲器　buffer：位于行程端部，用来吸收轿厢动能的一种弹性缓冲安全装置。

2. 油压缓冲器；耗能型缓冲器　hydraulic buffer；oil buffer：以油作为介质吸收轿厢或对重产生动能的缓冲器。

3. 弹簧缓冲器；蓄能型缓冲器　spring buffer：以弹簧变形来吸收轿厢或对重产生动能的缓冲器。

4. 减振器　vibrating absorber：用来减小电梯运行振动和噪声的装置。

5. 轿厢　car；lift car：运载乘客或其他载荷的轿体部件。

6. 轿厢底；轿底　car platform；platform：在轿厢底部，支承载荷的组件。它包括地板、框架等构件。

7. 轿厢壁；轿壁　car enclosures；car walls：由金属板与轿厢底、轿厢顶和轿厢门围成的一个封闭空间。

8. 轿厢顶；轿顶　car roof：在轿厢的上部，具有一定强度要求的顶盖。

9. 轿厢装饰顶　car ceiling：轿厢内顶部装饰部件。

10. 轿厢扶手　car handrail：固定在轿厢壁上的扶手。

11. 轿顶防护栏杆　car top protection balustrade：设置在轿顶上部，对维修人员起防护作用的构件。

12. 轿厢架；轿架　car frame：固定和支撑轿厢的框架。

13. 开门机　door operator：使轿门和（或）层门开启或关闭的装置。

14. 检修门　access door：开设在井道壁上，通向底坑或滑轮间供检修人员使用的门。

15. 手动门　manually operated door：用人力开关的轿门或层门。

16. 自动门　power operated door：靠动力开关的轿门或层门。

17. 层门；厅门　landing door; shaft door; hall door：设置在层站入口的门。

18. 防火层门；防火门　fire-proof door：能防止或延缓炽热气体或火焰通过的一种层门。

19. 轿厢门；轿门　car door：设置在轿厢入口的门。

20. 安全触板　safety edges for door：在轿门关闭过程中，当有乘客或障碍物触及时，轿门重新打开的机械门保护装置。

21. 铰链门；外敞开门　hinged doors：门的一侧为铰链连接，由井道向通道方向开启的层门。

22. 栅栏门　collapsible door：可以折叠，关闭后成栅栏形状的轿厢门。

23. 水平滑动门　horizontally sliding door：沿门导轨和地坎槽水平滑动开启的门。

24. 中分门　center opening door：层门或轿门，由门口中间各自向左、右以相同速度开启的门。

25. 旁开门；双折门；双速门　two-speed sliding door; two-panel sliding door; two speed door：层门或轿门的两扇门，以两种不同速度向同一侧开启的门。

26. 左开门　left hand two speed sliding door：面对轿厢，向左方向开启的层门或轿门。

27. 右开门　right hand two speed sliding door：面对轿厢，向右方向开启的层门或轿门。

28. 垂直滑动门　vertically sliding door：沿门两侧垂直门导轨滑动开启的门。

29. 垂直中分门　bi-parting door：层门或轿门的两扇门，由门口中间以相同速度各自向上、下开启的门。

30. 曳引绳补偿装置　compensating device for hoist ropes：用来平衡由于电梯提升高度过高、曳引绳过长造成运行过程中偏重现象的部件。

31. 补偿链装置　compensating chain device：用金属链构成的补偿装置。

32. 补偿绳装置　compensating rope device：用钢丝绳和张紧轮构成的补偿装置。

33. 补偿绳防跳装置　anti-rebound of compensation rope device：当补偿绳张紧装置超出限定位置时，能使曳引机停止运转的电气安全装置。

34. 地坎　sill：轿厢或层门入口处出入轿厢的带槽金属踏板。

35. 轿厢地坎　car sill; plate threshold：轿厢入口处的地坎。

36. 层门地坎　landing sill; sill elevator entrance：层门入口处的地坎。

37. 轿顶检修装置　inspection device on top of the car：设置在轿顶上部，供检修人员检修时应用的装置。

38. 轿顶照明装置　car top light：设置在轿顶上部，供检修人员检修时照明的装置。

39. 底坑检修照明装置　light device of pit inspection：设置在井道底坑，供检修人员检修时照明的装置。

40. 轿厢内指层灯；轿厢位置指示　car position indicator：设置在轿厢内，显示其运行层站的装置。

41. 层门门套　landing door jamb：装饰层门门框的构件。

42. 层门指示灯　landing indicator; hall position hidicator：设置在层门上方或一侧，显示轿厢运行层站和方向的装置。

43. 层门方向指示灯　landing direction indicator：设置在层门上方或一侧，显示轿厢运行方向的装置。

44. 控制屏　control panel：有独立的支架，支架上有金属绝缘底板或横梁，各种电子器件和电气元件安装在底板或横梁上一种屏式电控设备。

45. 控制柜　control cabinet；controller：各种电子器件和电气元件安装在一个有防护作用的柜形结构内的电控设备。

46. 操纵箱；操纵盘　operation panel；car operation panel：用开关、按钮操纵轿厢运行的电气装置。

47. 警铃按钮　alarm button：设置在操纵盘上操纵警铃的按钮。

48. 停止按钮；急停按钮　stop button；stop switch；stopping device：能断开控制电路使轿厢停止运行的按钮。

49. 邻梯指示灯　position indicator of adjacent car：在轿厢内反映相邻轿厢运行状态的指示装置。

50. 梯群监控盘　group control supervisory panel；monitor panel：梯群控制系统中，能集中反映各轿厢运行状态，可供管理人员监视和控制的装置。

51 曳引机　traction machine；machine driving；machine：包括电动机、制动器和曳引轮在内的靠曳引绳和曳引轮槽摩擦力驱动或停止电梯的装置。

52. 有齿轮曳引机　geared machine：电动机通过减速齿轮箱驱动曳引轮的曳引机。

53. 无齿轮曳引机　gearless machine：电动机直接驱动曳引轮的曳引机。

54. 曳引轮　driving sheave；traction sheave：曳引机上的驱动轮。

55. 曳引绳　hoist ropes：连接轿厢和对重装置，并靠与曳引轮槽的摩擦力驱动轿厢升降的专用钢丝绳。

56. 绳头组合　rope fastening：曳引绳与轿厢、对重装置或机房承重梁连接用的部件。

57. 端站停止装置　terminal stopping device：当轿厢将达到端站时，强迫其减速并停止的保护装置。

58. 平层装置　leveling device：在平层区域内，使轿厢达到平层准确度要求的装置。

59. 平层感应板　leveling inductor plate：可使平层装置动作的金属板。

60. 极限开关　final limit switch：当轿厢运行超越端站停止装置时，在轿厢或对重装置未接触缓冲器之前，强迫切断主电源和控制电源的非自动复位的安全装置。

61. 超载装置　overload device；overload indicator：当轿厢超过额定载重量时，能发出警告信号并使轿厢不能运行的安全装置。

62. 称量装置　weighing device：能检测轿厢内荷载值，并发出信号的装置。

63. 召唤盒；呼梯按钮　calling board；hall buttons：设置在层站门一侧，召唤轿厢停靠在呼梯层站的装置。

64. 随行电缆　traveling cable；trailing cable：连接于运行的轿厢底部与井道固定点之间的电缆。

65. 随行电缆架　traveling cable support：在轿厢底部架设随行电缆的部件。

66. 钢丝绳夹板　rope clamp：夹持曳引绳，能使绳距和曳引轮绳槽距一致的部件。

67. 绳头板　rope hitch plate：架设绳头组合的部件。

68. 导向轮　deflector sheave：为增大轿厢与对重之间的距离，使曳引绳经曳引轮再导向对重装置或轿厢一侧而设置的绳轮。

69. 复绕轮　secondary sheave；double wrap sheave；sheave traction secondary：为增大曳引绳对曳引轮的包角，将曳引绳绕出曳引轮后经绳轮再次绕入曳引轮，这种兼有导向作用的绳轮为复绕轮。

70. 反绳轮　diversion sheave：设置在轿厢架和对重框架上部的动滑轮。根据需要曳引绳绕过反绳轮可以构成不同的曳引比。

71. 导轨　guide rails；guide：供轿厢和对重运行的导向部件。

72. 空心导轨　hollow guide rail：由钢板经冷轧折弯成空腹 T 形的导轨。

73. 导轨支架　rail bracket；rail support：固定在井道壁或横梁上，支撑和固定导轨用的构件。

74. 导轨连接板（件）　fish plate：紧固在相邻两根导轨的端部底面，起连接导轨作用的金属板（件）。

75. 导轨润滑装置　rail lubricate device：设置在轿厢架和对重框架上端两侧，为保持导轨与滑动导靴之间有良好润滑的自动注油装置。

76. 承重梁　machine supporting beam：敷设在机房楼板上面或下面，承受曳引机自重及其负载的钢梁。

77. 底坑护栏　pit protection grid：设置在底坑，位于轿厢和对重装置之间，对维修人员起防护作用的栅栏。

78. 速度检测装置　tachogenerator：检测轿厢运行速度，将其转变成电信号的装置。

79. 盘车手轮　handwheel；wheel；manual wheel：靠人力使曳引轮转动的专用手轮。

80. 制动器板手　brake wrench：松开曳引机制动器的手动工具。

81. 机房层站指示器　landing indicator of machine room：设置在机房内，显示轿厢运行所处层站的信号装置。

82. 选层器　floor selector：一种机械或电气驱动的装置。用于执行或控制下述全部或部分功能：确定运行方向、加速、减速、平层、停止、取消呼梯信号、门操作、位置显示和层门指示灯控制。

83. 钢带传动装置　tape driving device：通过钢带，将轿厢运行状态传递到选层器的装置。

84. 限速器　overspeed governor；governor：当电梯的运行速度超过额定速度一定值时，其动作能导致安全钳起作用的安全装置。

85. 限速器张紧轮　governor tension pulley：张紧限速器钢丝绳的绳轮装置。

86. 安全钳装置　safety gear：限速器动作时，使轿厢或对重停止运行，保持静止状态，并能夹紧在导轨上的一种机械安全装置。

87. 瞬时式安全钳装置　instantaneous safety gear：能瞬时使夹紧力达到最大值，并能完全夹紧在导轨上的安全钳。

88. 渐进式安全钳装置　progressive safety gear；gradual safety gear：采取特殊措施，使夹紧力逐渐达到最大值，最终能完全夹紧在导轨上的安全钳。

89. 钥匙开关盒　key switch board：一种供专职人员使用钥匙才能使电梯投入运行或

停止的电气装置。

90. 门锁装置；连锁装置 door interlock；lock；door locking device：轿门与层门关闭后锁紧，同时接通控制回路，轿厢方可运行的机电连锁安全装置。

91. 层门安全开关 landing door safety switch：当层门未完全关闭时，使轿厢不能运行的安全装置。

92. 滑动导靴 sliding guide shoe：设置在轿厢架和对重装置上，其靴衬在导轨上滑动，使轿厢和对重装置沿导轨运行的导向装置。

93. 靴衬 guide shoe busher；shoe guide：滑动导靴中的滑动摩擦零件。

94. 滚轮导靴 roller guide shoe：设置在轿厢架和对重装置上，其滚轮在导轨上滚动，使轿厢和对重装置沿导轨运行的导向装置。

95. 对重装置；对重 counterweight：由曳引绳经曳引轮与轿厢相连接，在运行过程中起平衡作用的装置。

96. 消防开关盒 fireman switch board：发生火警时，可供消防人员将电梯转入消防状态使用的电气装置，一般设置在基站。

97. 护脚板 toe guard：从层站地坎或轿厢地坎向下延伸并具有平滑垂直部分的安全挡板。

98. 挡绳装置 ward off rope device：防止曳引绳越出绳轮槽的安全防护部件。

99. 轿厢安全窗 top car emergency exit；car emergency opening：在轿厢顶部向外开启的封闭窗，供安装、检修人员使用或发生事故时援救和撤离乘客的轿厢应急出口。窗上装有当窗扇打开即可断开控制电路的开关。

100. 轿厢安全门；应急门 car emergency exit；emergency door：同一井道内有多台电梯，在相邻轿厢壁上并向内开启的门，供乘客和司机在特殊情况下离开轿厢，而改乘相邻轿厢的安全出口。门上装有当门扇打开即可断开控制电路的开关。

101. 近门保护装置 proximity protection device：设置在轿厢出入口处，在门关闭过程中，当出入口有乘客或障碍物时，通过电子元件或其他元件发出信号，使门停止关闭，并重新打开的安全装置。

102. 紧急开锁装置 emergency unlocking device：为应急需要，在层门外借助层门上三角钥匙孔可将层门打开的装置。

103. 紧急电源装置；应急电源装置 emergency power device：电梯供电电源出现故障而断电时，供轿厢运行到邻近层站停靠的电源装置。

三、控制方式常用术语

1. 手柄开关操纵；轿内开关控制 car handle control；car switch operation：电梯司机转动手柄位置（开断/闭合）来操纵电梯运行或停止。

2. 按钮控制 push button control；push button operation：电梯运行由轿厢内操纵盘上的选层按钮或层站呼梯按钮来操纵。某层站乘客将呼梯按钮按下，电梯就起动运行去应答。在电梯运行过程中如果有其他层站呼梯按钮按下，控制系统只能把信号记存下来，不能去应答，而且也不能把电梯截住，直到电梯完成前应答运行层站之后方可应答其他层站呼梯信号。

3. 信号控制　signal control；signal operation：把各层站呼梯信号集合起来，将与电梯运行方向一致的呼梯信号按先后顺序排列好，电梯依次应答接运乘客。电梯运行取决于电梯司机操纵，而电梯在何层站停靠由轿厢操纵盘上的选层按钮信号和层站呼梯按钮信号控制。电梯往复运行一周可以应答所有呼梯信号。

4. 集选控制　collective selective control；selective collective automatic operation：在信号控制的基础上把呼梯信号集合起来进行有选择的应答。电梯为无司机操纵。在电梯运行过程中可以应答同一方向所有层站呼梯信号和按照操纵盘上的选层按钮信号停靠。电梯运行一周后若无呼梯信号就停靠在基站待命。为适应这种控制特点，电梯在各层站停靠时间可以调整，轿门设有安全触板或其他近门保护装置，以及轿厢设有过载保护装置等。

5. 下集合控制　down-collective control；down-collective automatic operation：集合电梯运行下方向的呼梯信号，如果乘客欲从较低的层站到较高的层站去，须乘电梯到底层基站后再乘电梯到要去的高层站。

6. 并联控制　duplex/triplex control：共用一套呼梯信号系统，把两台或三台规格相同的电梯并联起来控制。无乘客使用电梯时，经常有一台电梯停靠在基站待命称为基梯；另一台电梯则停靠在行程中间预先选定的层站称为自由梯。当基站有乘客使用电梯并起动后，自由梯即刻起动前往基站充当基梯待命。当有除基站外其他层站呼梯时，自由梯就近先行应答，并在运行过程中应答与其运行方向相同的所有呼梯信号。如果自由梯运行时出现与其运行方向相反的呼梯信号，则在基站待命的电梯就起动前往应答。先完成应答任务的电梯就近返回基站或中间选下的层站待命。

7. 梯群控制；群控　group control for lifts；group automatic operation：具有多台电梯客流量大的高层建筑物中，把电梯分为若干组，每组4~6部电梯，将几部电梯控制连在一起，分区域进行有程序或无程序综合统一控制，对乘客需要电梯情况进行自动分析后，选派最适宜的电梯及时应答呼梯信号。

四、自动扶梯和自动人行道术语

1. 自动扶梯　escalator：带有循环运行梯级，用于向上或向下倾斜输送乘客的固定电力驱动设备。

2. 自动人行道　passenger conveyor：带有循环运行（板式或带式）走道，用于水平或倾斜角不大于12°，输送乘客的固定电力驱动设备。

3. 倾斜角　angle of inclination：梯级、踏板或胶带运行方向与水平面构成的最大角度。

4. 自动扶梯提升高度　rise of escalator：自动扶梯进出口两楼层板之间的垂直距离。

5. 自动扶梯额定速度　rated speed of escalator：自动扶梯设计所规定的空载速度。

6. 理论输送能力　theoretical capacity：自动扶梯或自动人行道，在每小时内理论上能够输送的人数。

7. 扶手装置　balustrades：在自动扶梯或自动人行道两侧，对乘客起安全防护作用，也便于乘客站立扶握的部件。

8. 扶手带　handrail：位于扶手装置的顶面，与梯级踏板或胶带同步运行，供乘客扶握的带状部件。

9. 扶手带入口保护装置　handrail entry guard：在扶手带入口处，当有手指或其他导物被夹入时，能使自动扶梯或自动人行道停止运行的电气装置。

10. 扶手带断带保护装置　control guard for handrail breakage：当扶手带断裂时，能使自动扶梯或自动人行道停止运行的电气装置。

11. 护壁板；护栏板　interior panelling：在扶手带下方，装在内侧盖板与外侧盖板之间的装饰护板。

12. 围裙板　skirt panel：与梯级、踏板或胶带两侧相邻的金属围板。

13. 围裙板安全装置　skirt safety device；skirt panel switch；skirt panel safety device：当梯级、踏板或胶带与围裙板之间有异物夹住时，能使自动扶梯或自动人行道停止运行的电气装置。

14. 内侧盖板　interior profile；inner deck：在护壁板内侧、连接围裙板和护壁板的金属板。

15. 外侧盖板　balustrade decking；outer deck：在护壁板外侧、外装饰板上方，连接装饰板和护壁板的金属板。

16. 外装饰板　balustrade exterior panelling：从两外侧盖板起，将自动扶梯或自动人行道封闭起来的装饰板。

17. 桁架；机架　truss；supporting structure：架设在建筑结构上，供支撑梯级、踏板、胶带以及运行机构等部件的金属结构件。

18. 中心支撑；中间支撑；第三支撑　centre support；intermediate support：在自动扶梯两端支撑之间，设置在桁架底部的支撑物。

19. 梯级　step：在自动扶梯桁架上循环运行，供乘客站立的部件。

20. 梯级踏板　step tread：带有与运行方向相同齿槽的梯级水平部分。

21. 梯级踢板　step riser：带有齿槽的梯级垂直部分。

22. 梯级、踏板塌陷保护装置　step or pallet sagging guard：当梯级或踏板任何部位断裂下陷时，使自动扶梯或自动人行道停止运行的电气装置。

23. 驱动链保护装置　drive chain guard：当梯级驱动链或踏板驱动链断裂或过分松弛时，能使自动扶梯或自动人行道停止的电气装置。

24. 梯级导轨　step track：供梯级滚轮运行的导轨。

25. 梯级水平移动距离　step of horizontally moving distance；horizontally step run：为使梯级在出入口处有一个导向过渡段，从梳齿板出来的梯级前缘和进入梳齿板梯级后缘的一段水平距离。

26. 踏板　pallets：循环运行在自动人行道桁架上，供乘客站立的板状部件。

27. 胶带　belt：循环运行在自动人行道桁架上，供乘客站立的胶带状部件。

28. 梳齿板　combs：位于运行的梯级或踏板出入口，为方便乘客上下过渡，与梯级或踏板相啮合的部件。

29. 楼层板　noor plate：设置在自动扶梯或自动人行道出入口，与梳齿板连接的金属板。

30. 梳齿板安全装置 comb safety device；comb contact：当梯级、踏板或胶带与梳齿板啮合卡入异物有可能造成事故时，能使自动扶梯或自动人行道停止运行的电气装置。

31. 驱动组机，驱动装置 driving machine：驱动自动扶梯或自动人行道运行的装置。

32. 附加制动器 auxiliary brake：当自动扶梯提升高度超过一定值时，或在公共交通用自动扶梯和自动人行道上，增设的一种制动器。

33. 主驱动链保护装置 main drive chain guard；broken drive chain contact：当主驱动链断裂时，能使自动扶梯或自动人行道停止运行的电气装置。

34. 超速保护装置 escalator overspeed governor；overspeed governor switch：自动扶梯或自动人行道运行速度超过限定值时，能自动切断电源的装置。

35. 非操纵逆转保护装置 unintentional reversal of the direction of travel；direction reversal device：在自动扶梯或自动人行道运行中非人为地改变其运行方向时，能使其停止运行的装置。

36. 手动盘车装置；盘车手轮 hand winding device；handwheel：靠人力使驱动装置转动的专用手轮。

37. 检修控制装置 inspection control device：利用检修插座，在检修自动扶梯或自动人行道时的手动控制装置。

参 考 文 献

[1] 朱昌明，洪致育，张惠侨．电梯与自动扶梯原理、结构、安装、测试［M］．上海：上海交通大学出版社，1995.

[2] 张元培，等．电梯与自动扶梯的安装维修［M］．北京：中国电力出版社，2006.

[3] 吴国政，电梯原理·使用·维修［M］．北京：中国电力出版社，1999.

[4] 李秧耕，何乔治，何峰峰．电梯基本原理及安装维修全书［M］．北京：机械工业出版社，2005.

[5] 陈家盛．电梯结构原理及安装维修［M］．北京：机械工业出版社，2002.

[6] 王宝强，杨春帆，姜雪松．最新电梯原理使用与维护［M］．北京：机械工业出版社，2006.

[7] 中国标准出版社，全国电梯标准化技术委员会．电梯及相关标准汇编［M］．北京：中国标准出版社，2006.

[8] 张琦．现代电梯构造与使用［M］．北京：清华大学出版社、北京交通大学出版社，2004.

[9] 张杰，等．现代电梯控制技术［M］．哈尔滨：哈尔滨工业大学出版社，2005.

[10] 张琪．现代电梯构造与使用［M］．北京：清华大学出版社，2004.

[11] 常晓玲．电器控制系统与可编程控制器［M］．北京：机械工业出版，2004.

[12] 钟肇新．可编程控制器原理及应用［M］．南京：华东理工大出版社，1999.

[13] 覃贵礼．组态软件控制技术［M］．北京：北京理工大学出版社，2007.